Norbert Wimmer
Volker Zahner

Spechte

Ein Leben in der Vertikalen

G. Braun Buchverlag

G.BRAUN BUCHVERLAG

Karlsruhe
www.gbraun-buchverlag.de

© 2010 DRW-Verlag Weinbrenner GmbH & Co. KG,
Leinfelden-Echterdingen

Konzeption: Robert Dreikluft

Gestaltung und Reproduktion: post scriptum,
www.post-scriptum.biz

Druck: Bosch-Druck, Landshut

ISBN: 978-3-7650-8526-0

Umschlag vorne:
Schwarzspechtmännchen füttert fast flügge Junge
Umschlag hinten:
Grauspecht, der Späne aus der Höhle wirft

Inhalt

Ein Leben in der Vertikalen

Im Naturraum Mitteleuropas wäre ohne den Einfluss des Menschen der Wald das dominierende Ökosystem. Rund 80 % der Fläche waren ursprünglich mit Wald bedeckt. Es herrschten Laubwälder mit einem hohen Anteil an Buchen vor. Bis heute blieb immerhin ein Drittel dieser Waldfläche erhalten, wenngleich ein beträchtlicher Teil in Fichten- und Kiefernforste umgewandelt wurde.

Holz – ein ganz besonderer Stoff

Bäume stellen alles in den Schatten. Die meisten Kräuter und Gräser können ihre Blätter nur wenige Meter über dem Boden positionieren. Bei Bäumen entwickelte sich aber der Stängel zum Stamm. Damit gelang es ihnen, die Blattmasse bis über 50 Meter vom Boden zu heben, sich einen enormen dreidimensionalen Raum zu erschließen und ein Maximum an Sonnenenergie einzufangen. Dadurch bestimmen sie das Lichtregime, die Temperatur und damit das Kleinklima unter sich.
Dass dies physikalisch möglich ist, liegt an einem Baustoff, dem Lignin. Ähnlich dem Beton, der ein Stahlgerüst versteift, lagert sich das Lignin an der Zellwand ab. Zusammen mit der Zellulose ist es ein Hauptbestandteil von Holz. Aus diesem Grundbaustoff bestehen nicht nur Stamm und Äste, sondern auch die Wurzeln. Ihre stabile Verankerung im Boden ist Voraussetzung für die Bildung der gewaltigen, oft viele Tonnen schweren Stämme. Durch sie gelangt das lebensnotwendige Wasser von den Wurzeln in die Blätter und ein Teil des dort erzeugten zuckerreichen Saftstroms zurück zu den Wurzeln. Erst diese Energieversorgung ermöglicht es ihnen – wie auch allen anderen Teilen des Baumes – zu wachsen.

Spechte – ganz besondere Vögel

Warum diese sehr komprimierte Abhandlung über Wälder und Bäume zu Beginn eines Spechtbuches?* Ganz einfach, weil die meisten Spechte eine besonders enge Verbindung zu Bäumen und Wald haben. Durch eine Reihe verblüffender Anpassungen schaffen sie es, einen Teil der in den Bäumen gespeicherten Sonnenenergie für sich zu nutzen und so »ein Leben in der Vertikalen« zu führen. Durch diese enge Bindung an das Ökosystem Wald können Spechte als sogenannte Schirmarten dienen und Interesse für diesen faszinierenden Lebensraum wecken. Sie sind attraktiv, einfach zu erkennen und zum Teil auch leicht zu beobachten.
Ebenso kann man mit ein wenig Übung ihre Spuren in fast jedem Wald finden. Darüber hinaus gehören Spechte zu den Schlüsselarten im Wald, weil ihre Höhlen für eine Vielzahl verschiedenster Tierarten große Bedeutung haben. Und schließlich zeigt uns das Fehlen bestimmter Spechtarten in einem Wald deutlich, dass dort wichtige Lebensgrundlagen nicht nur für Spechte, sondern für eine ganze Reihe unscheinbarerer Lebewesen fehlen oder nur im Minimum vorhanden sind. Somit können Spechte durchaus als »Universaltalente« gelten, die gleichermaßen für den Naturschutz, das Umweltmonitoring und die Umweltbildung eine herausragende Bedeutung haben.

* Wenn im weiteren Text von Spechten die Rede ist, sind nur unsere Echten Spechte gemeint. Der Wendehals gehört zwar auch zur Familie der Spechte, vertritt aber eine eigene Gattung und wird zum Schluss des Buches gesondert abgehandelt.

Die Größenunterschiede unserer heimischen Spechte sind beträchtlich. Links der krähengroße Schwarzspecht als größter Vertreter und oben in entsprechendem Größenverhältnis der sperlingsgroße Kleinspecht als kleinster heimischer Specht.

Von verwunschenen Prinzen,
Götter- und Regenvögeln

Spechte in Mythen und Sagen

Spechte fallen durch ihr Trommeln und ihre Balzrufe auf und beflügelten damit bereits die Fantasie unserer Vorfahren. Zudem machte die mühsame Nahrungssuche im harten Holz Spechte zu etwas Besonderem. Bevor mit der Renaissance die Zeit der Naturwissenschaft anbrach und diese Licht in das Dunkel der Unkenntnis brachte, erklärte man die Entstehung der Welt und ihre Naturphänomene durch Mythen. Kein Wunder also, dass Spechte mit ihren auffälligen und außergewöhnlichen Verhaltensweisen Deutungen in der Sagenwelt vieler Völker fanden.

Wie ein Prinz zum Specht wurde

Bereits in der Antike verfasste Ovid, der viel gerühmte römische Dichter, die »Metamorphosen«, die »Bücher der Verwandlung«. In diesem mythologischen Werk erzählt er von der tragischen Verwandlung von Menschen oder Halbgöttern in Tiere und Pflanzen. Eine dieser Geschichten erklärt auch die Entstehung der Spechte: Als eines Tages der schöne italische Prinz Picus auf der Jagd mit seinem Gefolge durch die Wälder ritt, kreuzte die Kräuter sammelnde Circe seinen Weg. Sie verliebte sich sofort in ihn und versuchte, ihn mit aller Macht für sich zu gewinnen. Das Herz von Picus gehörte aber der Sängerin Canens, der Tochter des Janus, deren Stimme so süß war, dass sie selbst Bäume und Felsen bewegte. Daher wies er das Werben Circes schroff zurück, was tragische Folgen hatte: Die Verschmähte entpuppte sich als

mächtige Zauberin und sann auf Vergeltung. Sie verwandelte Picus flugs in einen Specht. Sein weinrotes Barett wurde zur roten Federhaube, seine Arme wurden zu Flügeln und sein Mund wurde in einen Schnabel verwandelt. Mit diesem har-

Antike Gemme, die einen weissagenden Specht darstellt. Gezeichnet nach einer Abbildung von Harrison.

ten Schnabel ist er nun für alle Zeiten gezwungen Nahrung in den Bäumen zu suchen, wütend auf Stämme einzuschlagen und auf Ästen zu trommeln. Doch all das ist vergebens, seine Geliebte Canens erkennt ihn nicht.

Die Namen der Spechte

Als Carl von Linné, ein schwedischer Arzt und Naturwissenschaftler, im Jahre 1758 sein *Systema naturae,* also die wissenschaftliche Nomenklatur, einführte, bediente er sich lateinischer oder griechischer Namen, bevorzugt aus der antiken Sagenwelt. In seinem System klassifizierte er nun konsequent alle Tiere und Pflanzen mit einem Doppelnamen. Der erste steht für die Gattung, der zweite für die Art. Damit schuf er ein System, das bis heute Bestand hat. Prinz Picus wurde so zum Namensgeber der ganzen Ordnung der Spechtvögel (*Piciformes*), der Familie der Spechte (*Picidae*) bis hin zu einzelnen Arten wie dem Grauspecht (*Picus canus*) oder dem Grünspecht (*Picus viridis*).

Göttervögel und Wetterpropheten

In der germanischen Mythologie ist der Schwarzspecht der Begleiter des Kriegsgottes Donar,[19] des Herrn über Blitz und Donner, dem heute noch der Donnerstag gewidmet ist. Die heftigen Schnabelhiebe des Spechts symbolisieren den Blitzschlag und sein Trommeln versinnbildlicht den Donner. Das Verhalten von Spechten war oft Anlass für Weissagungen über das Wetter. Besonders Regen und Gewitter meinte man durch die Deutung von Spechtrufen vorhersehen zu können. Noch heute bezeichnen ältere Waldarbeiter im unterfränkischen Spessart den Schwarzspecht als Regenvogel. In Niederbayern wird er im Volksmund Giaßvogel (= Gießvogel) genannt. Der gedehnte Plü-Ruf des Schwarzspechts wird im Französischen als *Plu* – also in Zusammenhang mit Regen gebracht. Ähnlich war die Bedeutung der Spechte auch in der Sagenwelt südlich der Alpen.

Der Wald der Spechte

Der Spessart, ein weit über 1000 Quadratkilometer großes, überwiegend mit Buchen und Eichen bewaldetes Mittelgebirge, verdankt sogar seinen Namen den Spechten. Spechts-Hardt, so die alte Bezeichnung des Gebietes, bedeutet ein mit Hartholz bestocktes (= bewachsenes) und von Spechten bewohntes Waldgebiet. Erstmals wird der Name im Nibelungenlied erwähnt, das im 13. Jahrhundert entstand. Nibel kommt von Nebel, und der Anhang »ung« deutet auf den Nachkommen, also den Sohn des Nebelmanns hin. Das Gebiet der Nibelungen erstreckte sich von den nebeligen Niederungen des Rheins bis in den Odenwald, das unmittelbar an den Spechtswald angrenzende Mittelgebirge.

Antike Sagen

Den Sabinern, einem Volk in Mittelitalien, das während der Antike im Gebiet des heutigen Umbriens lebte, waren Spechte heilig. Bei Tiora Matiene existierte sogar ein Orakel, dem ein Specht vorsaß.[8] Der Vogel war das Symbol des Himmels, während die Säule einen Baum verkörperte und damit die Verbindung zur Erde herstellte. Den benachbarten Römern war der Schwarzspecht ebenfalls heilig und sogar mit dem Gründungsmythos Roms verbunden. So wurden der Legende nach Romulus und Remus nicht nur von einer Wölfin gesäugt, sondern auch von einem Schwarzspecht mit Nahrung versorgt.[8] Der Schwarzspecht galt den Römern als Begleiter des Wald- und Kriegsgottes Mars.[19] Der Schwarzspecht heißt mit wissenschaftlichem Namen *Dryocopus martius*, was soviel bedeutet wie der martialische Holzhacker

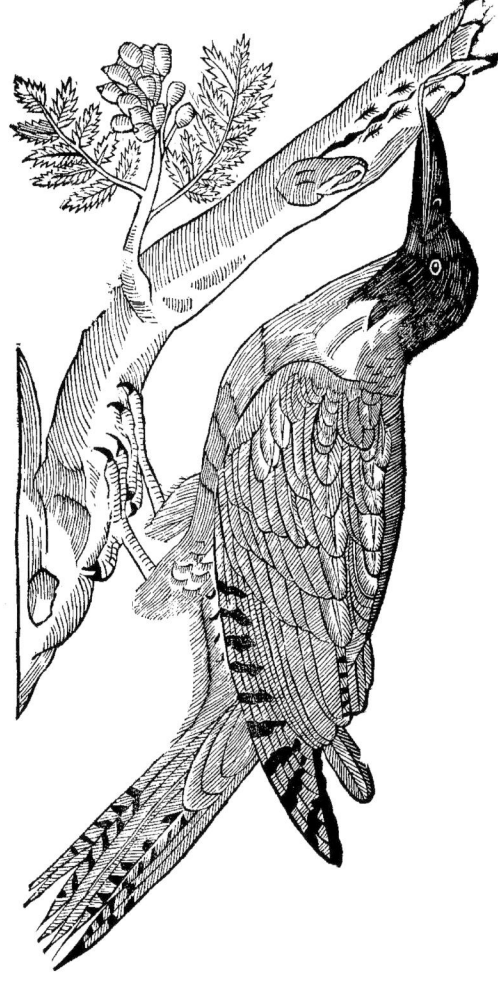

Der Züricher Conrad Gesner (1516–1565) verfasste mit seiner »Historia animalium« als erster nach Aristoteles ein Standardwerk der Zoologie, das weit über das 17. Jahrhundert Gültigkeit behielt. In ihm versuchte er auch die Beziehung der Arten zu ihrem Lebensraum darzustellen. Erstaunlich erscheint uns heute, wie wenig naturalistisch die Abbildungen sind. Doch Zeichnungen und Schnitte der Vögel fertigte man nach ausgestopften Bälgen in Verbindung mit Augenzeugenberichten an. Es ist aber zu erkennen, dass der Grünspecht eine lange Zunge besitzt mit der er Ameisen an einem dürren Ast frisst, was jedoch eher auf einen Grauspecht hinweist. Richtig dargestellt ist ebenso die Vierer-Stellung der Zehen.

oder der Holzhacker des Mars. Von Mars leitet sich auch der Monatsname März ab, also der Monat, in dem der Frühling gegen den Winter kämpft und die erstarrte Natur langsam erwacht. Dies ist die Zeit, in der die Spechtbalz ihren Höhepunkt erreicht. Mit ihren weithin vernehmbaren Trommelwirbeln und ihren durchdringenden Rufen verhalten die Spechte sich zu dieser Zeit besonders auffällig.

Zum Ausgang von Kriegszügen, aber auch zu Dingen des alltäglichen Lebens, befragte man Auguren. Sie weissagten aus dem Vogelverhalten die Zukunft. Spechte spielten vor allem für die Vorhersage von Kriegsglück und von Schlechtwetterereignissen eine gewichtige Rolle. Die Auguren als Glücksboten haben sich bis heute in der italienischen Sprache erhalten, und so heißt *tante auguri* viel Glück.[42]

Spechte im Mittelalter

Auch in der mittelalterlichen Symbolik spielen Spechte eine Rolle. Hieronymus Bosch, ein niederländischer Maler aus Nordbrabant, bildet in seinem Triptychon *Garten der Lüste* Vögel schon erstaunlich realistisch ab, darunter auch einen Grünspecht. Weil der Maler mit seinen bizarren Bildern erschreckt und erstaunt und viele Diskussionen über deren Sinn und seinen Geisteszustand hervorgerufen hat, sind bis heute noch Spielräume für Interpretationen offen geblieben. Es gibt aber auch Aussagen, über die sich die Kritiker einig sind. Die linke Seite stellt den Garten Eden mit Adam und Eva dar. Die große Mitteltafel bildet das Paradies mit dem Brunnen des Lebens ab. Die rechte Seite dagegen stellt die Hölle mit Kriegen, Feuer und Eulen als Todessymbolen dar. Im Paradies spielen bunte Vögel und essbare Beeren eine wichtige Rolle.

Am linken Bildrand sind besonders gut Grünspecht, Stieglitz und Rotkehlchen zu erkennen. Für Nächstenliebe und Aufopferung stehen Stieglitz und Rotkehlchen. Der Sage nach haben sie versucht, Jesus

Obwohl Boschs Grünspecht im Mittelalter und nicht in der aufgeklärten Neuzeit der Renaissance entstand, ist er viel realistischer dargestellt als in Gesners Vogelbuch.

am Kreuz von der Dornenkrone zu befreien. Daher rührt dieser Sage nach das Blutrot am Schnabelansatz bzw. auf der Brust. Der Grünspecht dagegen galt als Widersacher des Teufels und als Beschützer vor dem Bösen, da er den »Wurm« vertilgt, ähnlich wie der Drachentöter St. Georg.[51] Nicht umsonst ruft er uns im Vorbeifliegen deutlich vernehmbar »Glück-Glück« zu. Mit der Verbreitung des christlichen Glaubens bekämpfte man die heidnische Vorstellungswelt und deren Götter. So verfemte man auch viele Tiere und Pflanzen,

die den Germanen heilig waren, um die Macht Christi und die Machtlosigkeit der alten Götter zu demonstrieren. Auch der Schwarzspecht ist ein solches Beispiel.

Der Schwarzspecht als Geizkragen

In einer christlichen Sage wird eine Frau wegen ihres Geizes in einen Schwarzspecht verwandelt.[19] Die Geschichte handelt davon, dass Gott mit Petrus auf der Erde weilte und zu einer Frau namens Gertrud gelangte. Sie hatte ein rotes Kopftuch auf und war gerade damit beschäftigt, Kuchen zu backen. Als der Herr dies sah, bat er um ein Stück. Sie setzte den Kuchen auf und dieser wurde riesig. Nun entgegnete sie, dass der Kuchen zu groß sei für ein Almosen. Da erzürnte Gott und sprach: »Weil du mir nichts gönnst, sollst du zur Strafe ein kleiner Vogel werden, dein dürres Futter zwischen Holz und Rinde suchen und nicht öfter trinken als es regnet.« Kaum waren die Worte gesprochen, so verwandelte sich die Frau in den Gertrudsvogel und flog zum Schornstein hinaus. Dadurch färbte sie sich bis auf die rote Haube schwarz. So erklärt sich also dieser Sage nach das markante Federkleid des Schwarzspechts mit der roten Haube. Sie muss nun den ganzen Tag nach Nahrung hacken und nach Regen rufen, um endlich wieder trinken zu können.

Speerträger und Schlossöffner

Wie kommt nun der Specht ausgerechnet zu dem Namen Gertrud? *Ger* hieß auf Germanisch Speer und *Trud* oder *Trude* ähnlich wie Druide bedeutete Zauberin.[51] Zur Speerträgerin entwickelte sich der Specht durch seinen markanten Schnabel. Der Name *Specht* leitet sich von althochdeutsch *speh* und ab dem 9. Jahrhundert von *Speht* ab. Ob *Speh* seinen Ursprung in *Speer* bzw. *Speerträger* hat, ist unklar. In einer weiteren Sage spricht man Spechten die Fähigkeit zu, schwere Schlösser und Türen öffnen zu können, um so verborgene Schätze aus tiefen Gewölben zu heben. Doch der Specht braucht dazu eine spezielle Pflanze, die Springwurzel, mit deren Hilfe er jedes Schloss sprengt. Je nach Sage soll es das Salomonssiegel oder die kreuzblättrige Wolfsmilch sein, deren er sich bedient. Um an dieses Kraut zu gelangen, muss man aber seine Bruthöhle mit einem Keil verschließen und warten, bis er mit der Pflanze wiederkehrt, um den Eingang zu öffnen. Danach lässt er sie unter dem Höhlenbaum fallen, wo sie nur noch aufgelesen werden muss. Die Fähigkeit, Holz zu bearbeiten, scheint ein wesentlicher Grund für die Entstehung dieses Mythos gewesen zu sein. Im Mittelalter zählte diese vermeintliche Verhaltensweise tatsächlich zum »gesichterten Allgemeingut«.[19]

Auf ewig dankbar

Der wellenförmige Flug der Spechte wird in einer anderen Sage erklärt. Demnach waren der Grün-

Der Schwarzspecht ist wegen seiner »Plü«-Rufe (französich für Regen) das Symbol für Niederschläge und Wasser.

specht und der Wiedehopf am Anfang der Zeit, als die Welt noch überwiegend aus Wasser bestand, gemeinsam unterwegs. Der Specht war vom langen Fliegen schon so müde, dass er immer wieder absank, aber der Wiedehopf mit seiner durchdringenden Stimme weckte ihn ein ums andere Mal. So verhinderte er, dass sein Freund abstürzte und ertrank. Als Dank baut der Grünspecht seinem

Retter fortan Baumhöhlen, in denen er seine Jungen sicher großziehen kann. Dem Specht blieb der auffällige Flug und dem Wiedehopf der markante Ruf, der ihm zu seinem wissenschaftlichen Namen *Upupa epops* und seiner englischen Bezeichnung *Hoopoe* verhalf. So gilt der Grünspecht auch in der christlichen Symbolik und Sagenwelt als Beschützer und Glücksbringer.[51]

Der Körperbau –
von Kletterfüßen, Stützschwänzen
und Meißelschnäbeln

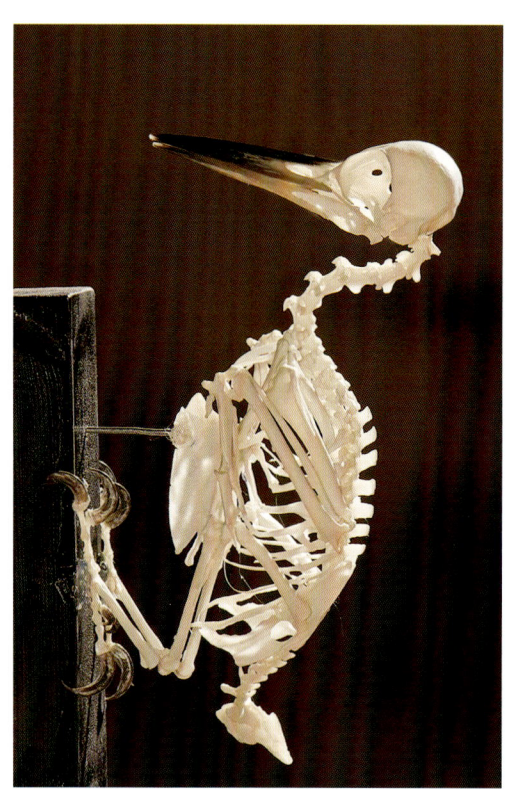

Das Skelett eines Schwarzspechtes neben einem Männchen des Schwarzspechtes im Winterwald.

Wann ist ein Specht ein Specht?

Schon von Weitem hört man die wuchtigen Schläge vom Stamm einer abgestorbenen Buche widerhallen. Das regelmäßige Pochen verrät schließlich auch den genauen Standort des Urhebers, der hin und wieder durch ruckartiges Klettern seine Position verändert. Immer wieder sucht er Deckung an der dem Beobachter abgewandten Seite des Stammes. Kein Zweifel! Es handelt sich um einen nach Nahrung suchenden Schwarzspecht, die größte heimische Spechtart.

Mit seinem mächtigen Meißelschnabel, den kräftigen Kletterfüßen mit den nadelspitzen Krallen und dem langen Stützschwanz weist er alle Merkmale auf, die im Allgemeinen mit dem Körperbau eines Echten Spechtes in Verbindung gebracht werden. Natürlich gibt es keine unechten Spechte, aber in der Familie der Spechte gibt es auch die Unterfamilie der Wendehälse und der Zwergspechte, die unserem Bild eines Spechtes nicht entsprechen. Wer glaubt, dass alle Spechte, fast so wie in der Sage vom italischen Prinzen Picus, unablässig und unter großer Mühe in hartem Holz nach Nahrung suchen, der irrt allerdings.

Klettern, Hacken, Stochern

Alle Echten Spechte sind hervorragende Kletterer und haben die Fähigkeit, Holz zu bearbeiten. Schwarzspechte hacken oftmals unter erheblichen Mühen tiefe Stollen in Fichten- und sogar Buchenholz. Der Grünspecht dagegen hat zwar auch einen kräftigen Schnabel, sucht seine Nahrung aber vorwiegend im Erdreich und in Hohlräumen von Stämmen und Ästen. Allen Echten Spechten gemeinsam ist jedoch, dass sie ihre Bruthöhlen in den Stämmen oder dicken Ästen von Bäumen anlegen. Bei dieser Tätigkeit ist die Fähigkeit, Holz zu bearbeiten, besonders wichtig. Auch das revieranzeigende Trommeln gegen einen dürren Ast stellt eine Extrembelastung für den Spechtschnabel und den Schädel dar.

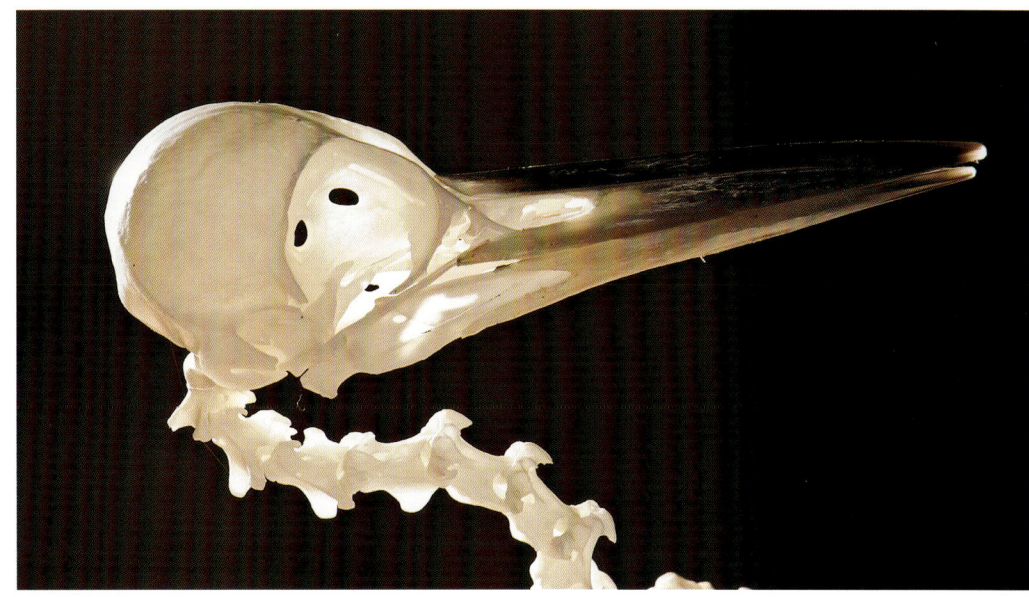

Lebenswichtige Schädeldämpfung

Regelmäßig taucht deshalb die Frage auf, ob das Gehirn eines Vogels, der seinen Schnabel so vehement als Werkzeug einsetzt, keinen Schaden nimmt. Tatsächlich muss der Körper einen Aufprall in der Stärke der 1200-fachen Erdbeschleunigung abfedern. Das ist vergleichbar mit einem Menschen, dessen Kopf mit einer Geschwindigkeit von 25 Kilometern pro Stunde (Höchstgeschwindigkeit eines Mofas auf ebener Strecke) gegen eine Wand prallt.[41] Während man bei dem Mofafahrer nur hoffen kann, dass er einen Helm trug, braucht man sich um den Specht keine Sorgen zu machen. Der Übergang vom Schnabel zum Schädel ist mit einem Dämpfungssystem versehen. So mündet der Oberschnabel in einen Bereich des Vorderschädels, der aus einem schwammartigen Knochen besteht.[9]

An dieser besonders verstärkten Stelle werden die Schläge absorbiert und nicht unmittelbar an den Schädelknochen weitergeleitet. Die Schädeldecke ist im Vergleich zu anderen Vogelgruppen stabiler und dicker gebaut. Ebenso ist die äußere Hirnhaut ausgesprochen zäh und fest. Die Augenhöhle ist fast vollständig verknöchert und ihr Rand durch einen sogenannten Sklerotikalring verstärkt, der das Auge stabilisiert.[9, 8] Lediglich eine kleine Öffnung ermöglicht den Austritt des Sehnervs zum Gehirn. Kein Wunder, denn die Augen sind beim Hacken besonders gefährdet. Im Augenblick des Aufschlags werden sie geschlossen.[21]

Anatomische Sonderanpassung

Der Kopf und die Wirbelsäule bilden die Form eines Hammers und erlauben in Verbindung mit der starken Nackenmuskulatur die kraftvollen Schläge. Über die Wirbelsäule wird die Belastung auf verbreiterte Rippen abgeleitet.[40] Je härter und häufiger die Hacktätigkeit bei einer Spechtart ist, desto stärker sind bei dieser Art die ersten Rippenbögen verbreitert und durch kleine Querstreben miteinander verbunden. Die starken Kiefermuskeln ziehen sich Millisekunden vor dem Aufprall des Schnabels zusammen und leiten die Energie über den Körper ab. An den größeren Rippenbögen setzen auch mächtigere Bänder und Muskelpakete an, die die Rippen miteinander verbinden.[40] Der ge-

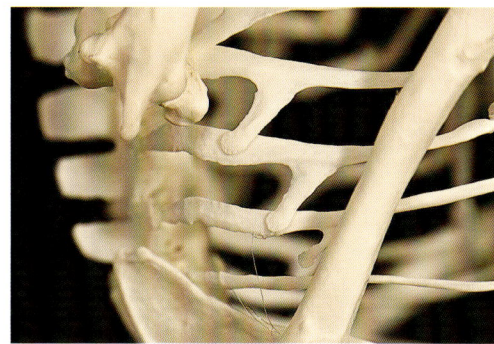

oben: Der Schädel mit dem imposanten Meißelschnabel.

unten: Die Rippen stehen durch Knochenauswüchse in Verbindung zueinander und können so die Erschütterungen durch das Hacken sehr gut aufnehmen.

samte Körper wirkt so als Stoßdämpfer. Bedenkt man, dass Schwarzspechte täglich bis zu 12 000 Schnabelhiebe ausführen, werden die »Sicherheitsvorkehrungen« gegen eventuelle Stoß- und Schlagschäden verständlich.[22]

Der Schnabel – ein Universalwerkzeug

Wenngleich der meißelartige, lange Schnabel durch seine Form bestens für die Bearbeitung von Holz geeignet ist, muss er doch eher als eine Art Universalwerkzeug betrachtet werden. So werden mit dem Schnabel beim Höhlenbau nicht nur Holzspäne abgehackt, sondern ebenso aufgelesen und aus der Höhle geworfen. Bunt-, Klein- und Mittelspecht können es dank der Vielseitigkeit ihres Schnabels den Meisen gleichtun und lesen in Zeiten des überreichen Angebotes kleine Schmetterlingsraupen und Schnaken von Blättern und Ästen ab. Der Mittelspecht stochert mit seinem leicht gekrümmten Schnabel aber auch wie mit einer Pinzette in der grobrissigen Borke von Eichen und Uraltbuchen nach Insekten. Diese Spezialisierung sichert ihm auch in Zeiten knappen Nahrungsangebotes ein Auskommen.

Ein Grauspechtmännchen demonstriert, wie weit es seine Zunge bei der Nahrungssuche ausstrecken kann, um an das Ameisennest zu gelangen.

Zungenlänge je nach Nische

Bei der Nahrungssuche können Spechte ihren Schnabel erst in Kombination mit der speziell angepassten Zunge optimal nutzen. Diese kann weit aus dem Schnabel gestreckt werden und ist bei manchen Arten an der Spitze verhornt und mit steifen Borsten ausgestattet. Mit dieser harpunenartigen Zungenspitze können Beutetiere aufgespießt und aus ihren Gängen gezogen werden. Unterstützt wird diese Art des Beuteerwerbs durch ein zähes, klebriges Sekret der Unterzungen- und Speicheldrüsen, mit dem die Zungenspitze regelmäßig benetzt wird. Sowohl die Zungenspitze als auch die Zungenlänge ist bei den einzelnen Arten an die Hauptbeute angepasst. Grau- und Grünspecht haben die längsten Zungen unter unseren Spechten. Sie können ihre Zunge bis zu 10 cm aus dem Schnabel herausstrecken[21] und damit effizient Ameisen auflesen, von denen sie sich hauptsächlich ernähren.

Um die überlange Zunge verstauen zu können, reichen die Zungenbeinhörner über das Schädeldach bis zur Stirn oder manchmal sogar bis in den Oberschnabel. Sie enden dann beim rechten Nasenloch des Oberschnabels. Ein hoch entwickelter Muskelapparat ermöglicht es, die Zunge zu stabilisieren, zu kontrollieren und selbst noch mit deren Spitze präzise zu arbeiten. Grünspechte benutzen ihre langen Zungen auch, um ihre Umwelt zu erkunden und mit ihnen Ritzen und Spalten zu erforschen. Dazu gibt es eindrückliche Berichte eines Spechtforschers, der junge Grünspechte aufzog und schildert, wie sie morgens als erstes mit der Zunge das Innere seines Hosenbeines erkundeten.

Wendezehen – Traum aller Kletterer

Die Beine der Spechte sind kurz und stämmig. Sie tragen, mit Ausnahme des Dreizehenspechtes, vier Zehen, wie dies bei den meisten Vogelarten der Fall ist. Zwei davon sind aber nach vorne gerichtet und zwei nach hinten. Zygodactylie nennt man zoologisch diese Zehenstellung, wobei *dactylus* für griechisch Zehe steht und *zygon* soviel bedeutet wie Joch. Tatsächlich erinnert die X-Stellung an die Form eines Pferdejochs.

Die mittleren Zehen sind nach vorne gerichtet und halten den Vogel gegen die Schwerkraft am Stamm. Die äußeren Zehen zeigen nach hinten. Während die erste Zehe fast verkümmert und nahezu funktionslos ist, hat die vierte eine wichtige Funktion. Sie ist die längste und kann als Wendezehe mit einem Verstellwinkel von 45 Grad flexibel eingesetzt werden. Mit ihr gleicht der Specht die seitwärts und nach unten gerichteten Kräfte beim Klettern aus. Die Zehen sind mit stark gebogenen, nadelspitzen Krallen bewehrt und sorgen selbst auf glatter Rinde für guten Halt. Die zwei vorderen Zehen und eine hintere sind über eine gemeinsame Sehne verbunden.[46] Damit reagieren sie bei Zug synchron und verleihen bei Belastung die nötige Sicherheit.

Der Schwanz – Sitzgelegenheit und Kletterhilfe

Wer schon einmal den freien Aufstieg mit Seilklemmen am Seil geübt hat, weiß, wie erholsam es ist, seinen Beinen und Armen eine kleine Ruhepause im Sitzgurt zu gönnen. Den Spechten geht es nicht anders. Ihre Sitzgelegenheit ist ihr Schwanz, der zusammen mit den Beinen ähnlich einem Stativ ein Kräftedreieck bildet. Ganz gleich, ob sich der Specht ausruht oder arbeitet, er kann sich am Stamm in einer stabilen Position halten.

Auf diese Weise kann der Vogel den Körper weit vom Stamm abheben, um höchstmöglichen Schwung zum Hacken zu holen. Auch wenn

Spechte am Stamm nach oben hüpfen, arbeiten Beine und Schwanz perfekt zusammen. Normale Federn würden dieser Belastung allerdings nicht lange standhalten.

Jede einzelne der zwölf Schwanz- oder Steuerfedern ist deswegen keilförmig, nach außen werden sie immer kürzer.[5] Die beiden längsten Federn befinden sich in der Schwanzmitte und haben stark zugespitzte Enden. Die unterschiedliche Länge und die leichte Biegung der Federn erhöhen den Druck und die Kontaktfläche beim Anpressen an den Stamm.[9] Sie ist umso stärker, je mehr es sich um Hackspechte handelt. Der breite, abgeflachte Stiel und eine besonders feste Fahne machen diese Federn steif und robust, sodass sie auch großen Belastungen standhalten. Zudem sind in den Schwanzfedern verstärkt Melanin-Pigmentkörner eingelagert, die die Bruchfestigkeit der Federn erhöhen.

Eine weitere Kletterhilfe bieten die Federäste an

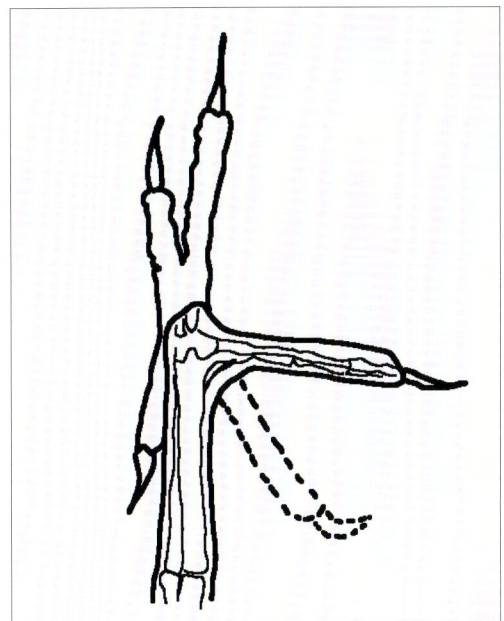

Der Kletterfuß eines Schwarzspechts.
Funktionsweise der Wendezehen: Die vierte Zehe kann in einem Winkel bis zu 45 Grad gedreht und somit den Kletterbedingungen optimal angepasst werden.

den Enden der Schwanzfedern.[46] Sie verhaken sich in die raue Struktur der Borke und verhindern ein Abrutschen. Die Schwanzfedern sind für den Spechtalltag so bedeutend, dass sie zeitversetzt von innen nach außen gewechselt werden. Die Mauser beginnt allerdings mit dem zweitinnersten Federpaar. Die beiden zentralen Federn werden erst zum Ende ersetzt, wenn die benachbarten Federn bereits lang genug sind, um deren Funktion zu übernehmen. Die Stützfedern setzen direkt an einem pflugförmigen Knochen, der Schwanzwurzel (Pygostyl) an, die von einem kräftigen Muskel gesteuert wird.[9] Je intensiver eine Spechtart klettert und hackt, desto stärker sind Knochen und Wurzel ausgeprägt. Ein Specht besitzt zehn Hand- und elf Armschwingen.

Gefiederwechsel ohne Hast

Gemausert wird nach Ende der Brut über fast ein halbes Jahr. Das ist relativ lang, wenn man bedenkt, dass viele Zugvögel nur einen Monat für ihren Gefiederwechsel benötigen. Doch was ist der Grund für diese zeitliche Dehnung der Mauser? Der Stützschwanz ist für die Nahrungssuche am Baum unentbehrlich. Die einzelnen Schwanzfedern werden daher erst ersetzt, wenn die nachgewachsenen Federn lang genug sind um deren Funktion zu übernehmen. Je nach Art erstreckt sich der Zeitraum der Mauser von Mai / Juni bis September / Oktober. Bei den Jungen beginnt mit Verlassen der Höhle die komplette Mauser der Handschwingen. Das bedeutet, dass diese nur wenige Tage alten Federn bereits wieder von Innen nach Außen ersetzt werden. Die Armschwingen bleiben dagegen erhalten.[5] Der Umfang der gemauserten Federn dient daher als gutes Merkmal zur Altersbestimmung. So sind die alten Federn der großen Armdecken bei Buntspechten braunschwarz und kürzer, die neuen dagegen glänzend schwarz und länger. Geschützt wird der ganze Körper nicht nur von Federn, sondern auch von einer besonders robusten, dicken Haut. Eine denkbare Erklärung da-

Stark abgenutzte Stützschwanzfedern bei einem Schwarzspecht zum Ende der Jungenaufzucht.

Der Stützschwanz eines Buntspechtes.

Die zwei mittigen Stützschwanzfedern eines Grauspechtes.

für ist die permanente Verletzungsgefahr, die eine so enge Bindung an den Lebensraum Baum mit rauer Borke, sprödem Holz und dürren Ästen sowie der Nutzung von Baumhöhlen mit sich bringt. Möglicherweise ist diese aber auch eine evolutive Reaktion auf den Umgang mit beißender und stechender Nahrung wie Ameisen.[22]

Wendige Flieger

Spechte sind vorwiegend Standvögel und auch die Jungen siedeln sich meist in der Nähe ihres Geburtsortes an. Allerdings können Spechte durchaus auch weite Strecken zurücklegen. So wandern sowohl Bunt-[22] als auch Dreizehen- und Weiß-

rückenspechte aus dem nördlichen Skandinavien nach Süden, um in klimatisch günstigeren Regionen den Winter zu überdauern. Dies geschieht meist über viele Zwischenstationen, wenngleich auch kilometerweite Nonstop-Flüge in großer Höhe, wie etwa beim Kleinspecht, durchaus vorkommen.

Für längere Flüge wenden die meisten Spechtarten den sogenannten Wellen- oder Bolzenflug an. Phasen mit Flügelschlägen wechseln sich mit Phasen des Dahingleitens mit geschlossenen Flügeln ab. Bei dieser Flugtechnik verlieren die Vögel an Höhe, die sie erst wieder bei der anschließenden Schlagphase gewinnen – es entsteht eine wellenförmige Flugbahn. Besonders ausgeprägt ist diese beim Grünspecht. Spechte erzeugen wäh-

rend des Fluges hörbare Fluggeräusche, die vermutlich auch der innerartlichen Kommunikation dienen, da diese bei Balzflügen besonders deutlich zu hören sind. Alle Spechte sind wendige Flieger, was sowohl bei Konkurrenzkämpfen als auch bei der Flucht vor Feinden wie Habicht und Sperber wichtig ist. Rund 40 Stundenkilometer schnell können sie dabei werden.[21]

Flugbild des Buntspechts.

Die Nahrungssuche –
Hacken, Schmieden, Ringeln

Buntspechte suchen vor allem im Winter in morschem Holz nach Nahrung.

Energiespeicher Holz

Um den Nahrungserwerb von Spechten zu verstehen, muss man sich neben der Lebensweise Holz bewohnender Insekten auch mit den Eigenheiten von Holz beschäftigen. Dieses sehr variable Material ist stabil, langlebig und voller Energie. Doch wer diese Energie nutzen will, muss die ziemlich stabilen chemischen Verbindungen erst einmal knacken. Holz zu verbrennen, ist hierfür die »rabiateste« Methode. Dabei wird die gesamte gespeicherte Energie in einem einzigen Schritt in Wärme umgewandelt. Diese Technik ist aber allein uns Menschen vorbehalten. »Holzfressende« Tiere benötigen dagegen zur Verwertung von Holz die Hilfe von Pilzen oder Bakterien. Nur diese sind in der Lage, die Holzbestandteile Zellulose und Lignin aufzuspalten und in körpereigene Substanzen umzubauen. Deshalb beherbergen vom Holz lebende Larven Zellulose spaltende Bakterien in ihrem Verdauungstrakt, züchten Pilzrasen in ihren frisch angelegten Fraßgängen oder weiden Fruchtkörper von Pilzen (Myzelien) ab. Indem die Larven das Holz klein raspeln, vergrößern sie die Oberfläche. Damit schaffen sie für Pilze und Bakterien bessere Lebensbedingungen und beschleunigen den Abbau. So werden die Nährstoffe rasch wieder dem Waldboden und den Bäumen zugeführt.

Totes Holz – Menge und Qualität entscheidet

Im Ökosystem Wald gibt es abgestorbenes Holz in unterschiedlichster Ausprägung. Es kommt in vielfältigen Dimensionen und Zersetzungsgraden vor.

Ein morscher Buchenstumpf wurde von einem Schwarzspecht bearbeitet.

Ist es ein dicker Stamm oder dünner Ast? Befindet sich das Holz in feuchter oder eher trockener Umgebung? Wie weit ist die Zersetzung bereits fortgeschritten? Zudem unterscheidet sich das Holz der verschiedenen Baumarten ganz erheblich in seinen spezifischen Eigenschaften. All diese und noch viel mehr Variablen schaffen eine Vielzahl ökologischer Nischen für Holz bewohnende Insekten. Deshalb überrascht es nicht, dass 25 % aller Tierarten im Wald direkt von Totholz profitieren.[96]

Wer mit bloßen Händen in morschem Holz nach Käferlarven sucht, wird selten fündig. Spaltet man dagegen mit einer Axt morsche Holzteile, so steigt die Wahrscheinlichkeit auf Larven zu stoßen, was bei genauer Überlegung nicht überrascht. Je fester Holz ist, umso weniger wurde es von Pilzen abgebaut und desto mehr Energie enthält es noch. Daneben bietet festeres Holz den wehrlosen Larven auch Schutz vor Spechten, die diese nahrhaften Eiweißpakete schätzen. Erst während der Verpuppung bildet sich der Panzer des fertig entwickelten Käfers aus Chitin – einem ähnlich stabilen Stoff wie Holz. Dieser Stoff wird von Insekten zum Schutz ihres Körpers ebenso verwendet wie von Pilzen. Es ist ein Riesenmolekül von miteinander verketteten, stickstoffhaltigen Zuckerbausteinen und Eiweißen.

Begehrte Eiweißpakete

Doch zurück zu den im Holz lebenden Larven. Auf sie haben es Hackspechte wie Bunt-, Schwarz- und Weißrückenspecht abgesehen. Allerdings muss auch hier der Ertrag in einem positiven Verhältnis zur aufgewendeten Energie stehen. Untersucht man einmal eine Hackstelle genauer, so erkennt man unschwer, dass es meist sehr morsches Holz ist, das der Specht bearbeitet hat. Mit relativ

Ein Schwarzspechtweibchen bearbeitet morsches Holz, um im Holz lebende Käferlarven zu erbeuten.

Rossameisen als Stammbewohner

Bestimmte Pilze bauen Stämme von innen ab (Kernfäulen). Mit dem Alter steigt die Wahrscheinlichkeit, dass das Innere des Stammes durch eine zurückliegende Verletzung, einen Faulast oder über die Wurzel von Pilzen infiziert wurde. Bei Fichten ist dies häufig der Fall. Hier spricht man von Rotfäule, weil das innere morsche Holz eine rötliche Färbung aufweist. Genau an solchen Stellen legen Rossameisen ihre Nester an, indem sie das weichere Frühholz zernagen und abtransportieren. Nun bietet der wabenartige Innenbereich des Baumes Schutz und Isolierung. Der Splint, der die äußere Zone des Baumes bildet und Wasser leitet, wird nicht befallen. Er sorgt für die nötige Stabilität. Das Nest erstreckt sich einige Meter im Stamm in die Höhe, aber auch ins Erdreich, wo das Ameisenvolk gut geschützt den Winter überdauert. Im Spätwinter wandern die Ameisen bei zunehmender Erwärmung ihrer Behausung wieder in die oberen Bereiche, um möglichst bald mit der Zucht von Blattläusen beginnen zu können. Zu dieser nahrungsarmen Zeit suchen Schwarzspechte die Nester auf und hacken tiefe Stollen durch das vitale Holz des Stammes, um zu den Rossameisen vorzudringen. Hier zeigt der Schwarzspecht sehr eindrucksvoll, dass er durchaus in der Lage ist, gesundes Holz zu bearbeiten, wenn denn nur der Aufwand in einem positiven Verhältnis zum Beuteertrag steht.

Die Hackstollen eines Schwarzspechtes an einem Rossameisennest.

Fichtenstümpfe werden vom Schwarzspecht besonders intensiv nach Bockkäferlarven abgesucht.

wenig Aufwand verringert er so die Distanz zu den Larven, die sich in den härteren Zonen verpuppen. Mit Hilfe seiner Zunge »angelt« er nun die Insekten aus den Gängen. Die harpunenartige Schwarzspechtzunge kann dabei bis zu 5 cm weit vordringen. Damit Holz bewohnende Käferarten langfristig überleben können, muss es regelmäßig Situationen geben, in denen Spechte deren Larven nur mit unverhältnismäßig hohem Aufwand erbeuten

können. Um während des relativ lange dauernden Puppenstadiums, das zum Teil über ein Jahr dauert, möglichst gut vor Spechten geschützt zu sein, ziehen sich die Larven in dieser Zeit möglichst tief in den Holzkörper zurück.

Geheime Fähigkeiten

Wie Spechte ihre Beutetiere orten, ist noch nicht ausreichend geklärt. Wahrscheinlich können sie die Nagegeräusche von Insektenlarven und Ameisen hören. Es gibt Beobachtungen, bei denen Spechte an Holzgehäusen mit leise tickenden Messgeräten zu hacken begannen. In Schweden hackte ein Schwarzspecht 15 große Löcher in die Wand eines Holzhauses. Wie sich später herausstellte, befand sich dahinter ein Transformator, dessen Summen der Specht wahrscheinlich mit Nagegeräuschen von Insekten verwechselt hatte.[22] Neben dem Gehör spielt aber auch der Tastsinn in der Zunge für die Feinortung von Insekten eine wichtige Rolle bei der Nahrungssuche.[30a]

Der Bast der Bäume – eine hochwertige Nahrung

Viele Käfer ernähren sich im Larvenstadium nicht von Holz sondern vom nährstoffreichen Bast, der unmittelbar unter der Borke den gesamten Holzkörper des Baumes umhüllt. Während in Teilbereichen des Holzkörpers das zur Photosynthese benötigte Wasser und die darin gelösten Mineralsalze von den Wurzeln zu den Blättern geleitet werden, versorgt die dünne Bastschicht alle Teile des Baumes mit dem in den Blättern erzeugten Zuckersaft. Erst so kann an jeder Stelle des Baumes Wachstum stattfinden. Die Bastschicht ist im Vergleich zum Holz wegen ihrer Zuckerhaltigkeit und ihrer lebenden Zellen für verschiedene Larven besonders nahrhaft.

Borkenkäfer – des einen Freud, des anderen Leid

Am bekanntesten sind die Bast fressenden Borkenkäfer. Von ihnen haben sich zahlreiche Arten auf kaum mehr als eine Baumart spezialisiert. Die meist nur wenige Millimeter großen Käfer bohren sich durch die Rinde, um in der Bastschicht Gänge zu nagen, in denen sie ihre Eier ablegen. Die geschlüpften Larven fressen im Laufe ihrer Entwicklung weitere Gänge. Dadurch wird die Versorgung der Wurzeln mit dem lebenswichtigen Zuckersaft unterbunden. Hierdurch stirbt der Baum innerhalb weniger Wochen ab. Für Bunt-, Schwarz- und

Der Weißrückenspecht sucht einen Großteil seiner Nahrung im Holz. Mit seinem kräftigen Schnabel legt er die Gänge von Käferlarven frei, um sie dann mit seiner im Bild gut sichtbaren Harpunenzunge aus den Gängen zu ziehen.

Ein Weibchen des Buchdruckers im Brutgang mit bereits gelegten Eiern entlang des Ganges.

Dreizehenspecht ist das aber eher ein Segen. Sie nutzen die leicht zu erreichende Beute als willkommene Nahrung. Mit wenigen, fein dosierten Schlägen am Fichtenstamm lösen sie die Borke. Zum Vorschein kommen im Idealfall die reiskornähnlichen Larven. Die Kunst ist es nun, die Borkenstücke nicht komplett vom Stamm zu hacken, sondern nur so weit wegzustemmen, bis sich die Larven in der so entstehenden Spalte sammeln und bequem aufgelesen werden.

Spechte – Retter in der Not?

Borkenkäfer wie Buchdrucker oder Kupferstecher können nach Sturmwürfen oder Trockenjahren kurzfristig große Populationen aufbauen, was ganze Fichtenbestände zum Absterben bringt. Was in der natürlichen Nadelwaldzone Nordamerikas und Skandinaviens Teil der Walderneuerung ist, verursacht im Wirtschaftswald hohe finanzielle Einbußen und große logistische Probleme. Aus dieser Not heraus hoffen Waldbesitzer immer wieder, dass natürliche Gegenspieler helfen, das Problem zu lösen. Besonders der überwiegend von Borkenkäfern lebende Dreizehenspecht ist bei solchen Kalamitäten immer wieder im Gespräch. Gibt es Fakten, die diese Hoffnung nähren? Als Standvögel gehen Spechte auch im Winter auf

Das Männchen des Dreizehenspechtes hat die Borke einer Fichte entfernt, um an die darunter lebenden Borkenkäfer zu gelangen.

Insektenjagd. Da sich Rinden brütende Käfer erst ab April fortpflanzen, verringert sich so ihre Zahl. Wie man von Magenuntersuchungen und Berechnungen zum durchschnittlichen Energieverbrauch weiß, verzehrt ein Dreizehenspecht pro Wintertag rund 3200 Käferlarven.

Der Einfluss der Spechte

Überschreitet eine Beute eine gewisse Häufigkeitsschwelle, konzentrieren die Spechte ihre Suche auf diese besonders einfach zu erbeutende Art.[13] In einer solchen Situation steigt die Spechtdichte lokal markant an. Beim Dreizehenspecht wurden in solchen Situationen drei- bis siebenfach erhöhte Brutpopulationen festgestellt.[22] Auch herumvagabundierende Jungspechte, die im Sommer auf der Suche nach einem eigenen Revier sind, konzentrieren sich nach der Auflösung der Familienverbände an solchen Stellen. Außerhalb der Brutzeit kann sich unter nordskandinavischen Verhältnissen die Spechtdichte im Vergleich zu einem nicht befallenen Waldbestand sogar auf das 45-fache erhöhen. Eine solche Konzentration hat besonders in nordischen und alpinen Wäldern mit niedrigen Durchschnittstemperaturen, kurzer Vegetationszeit sowie lediglich einer Käfergeneration pro Jahr nachweislich einen Einfluss auf den Bestand der Beutetiere. Unter solchen Bedingungen verringern Dreizehenspechte im Zusammenspiel mit anderen Feinden die Borkenkäferpopulationen um 19 % bis 98 %. Je früher die Spechte im Verlauf der Massenvermehrung die Fläche entdeckten, desto größer war ihr Einfluss auf die Populationsentwicklung.[13]

Zu grundlegend anderen Ergebnissen kam eine Untersuchung im Nationalpark Bayerischer Wald. Obwohl auch hier die Dichte des Dreizehenspechts erheblich anstieg, konnte der Befall von ihm nicht eingedämmt werden, weil die Borkenkäfer sich unter den wärmeren Bedingungen Mitteleuropas ungleich schneller vermehren und Spechte ihre Population nicht entsprechend

schnell anpassen können. Wenngleich Spechte oftmals keine laufende Kalamität verhindern, so tragen sie doch in Verbindung mit anderen Gegenspielern dazu bei, die Häufigkeit solcher Ereignisse zu verringern. Gerade tot- und altholzreiche Wälder beherbergen eine hohe Spechtdichte und eine reiche Fauna an Schlupfwespen und räuberisch lebenden Käfern. Sie könnten das Netzwerk bilden, um Wirtschaftswälder weniger anfällig zu machen.

Ameisen und Spechte – eine enge Verbindung

Ameisen spielen eine bedeutende Rolle im Ökosystem Wald. Durch die Staaten bildende Lebensweise und die damit mögliche Spezialisierung innerhalb des Ameisenvolkes können sie ein breites Nahrungsspektrum effektiv nutzen. Deswegen kann der Anteil der verschiedenen Ameisenarten an der gesamten tierischen Biomasse beträchtlich sein. 20 bis 100 Nester können lokal pro 100 m² gefunden werden.[66] Dieses Nahrungspotenzial ist für unsere drei größten Spechtarten von großer Bedeutung. Da der gesamte Ameisenstaat überwintert, stehen ihnen diese Beutetiere auch im Winter in größerer Menge zur Verfügung. Somit müssen sie nicht, wie viele kleinere insektenfressende Vogelarten, eine weite, Energie zehrende Wanderung in wärmere Gebiete antreten. Am stärksten hat sich der Grünspecht auf die Ameisenkost spezialisiert. Es folgt der Grauspecht, der sich ebenfalls zu einem großen Anteil von Ameisen ernährt, wogegen der Schwarzspecht nur zeitweise und dann vor allem größere Arten wie Wald- oder Rossameisen nutzt. Ameisen sind xerothermophil, d. h. sie lieben warm-trockene Lebensräume. Ihre Hügel speichern Sonnenenergie ähnlich wie ein Sonnenkollektor. Daher findet man nahrungssuchende Erdspechte häufig in lichten, wärmeren Bereichen.

Im Winter suchen Grau-, Grün- und Schwarzspecht besonders gerne die Nester verschiedener Waldameisenarten auf. Bei hoher Schneelage wird

Schwarzspechte gehen sehr behutsam bei der Suche nach Borkenkäfern vor. Das bearbeitete Borkenstück soll nach Möglichkeit nicht abbrechen, da sonst ein Großteil der Käfer oder Larven zu Boden fallen.

Weibchen des Grauspechts auf der Suche nach Ameisen.

das bemerkenswerte Ortsgedächtnis des Grün- und Grauspechtes ersichtlich. Punktgenau dringen sie dann durch die Schneedecke zum Ameisenhaufen vor. Grünspechte graben bis zu 85 cm lange Stollen in das Innere von Ameisenhügeln, um dort die kältestarren Arbeiterinnen und Ameisenpuppen zu erbeuten.[21,66] Besonders die in großen Staaten lebenden *Formica*-Arten wie die Rote Waldameise und die Kahlrückige Waldameise sind für die Spechte ein hochkonzentriertes Nahrungsangebot. Zudem sind die Tiere im Winter kältestarr und können keine Säure verspritzen. Obwohl die Ameisenhügel nach längerer Nutzung durch Erdspechte zerwühlt aussehen, zeigen Untersuchungen aus Holland, dass Spechte dort nur rund 5 % der Ameisen fraßen und damit das Volk nicht existenziell gefährdeten. Drahthauben, die mancherorts die Ameisenhaufen schützen sollen, entziehen nicht nur den Spechten eine wichtige Winternahrung,[66] sondern schaden auch dem Ameisenvolk, weil sie das Mikroklima im Nestinneren negativ verändern. Dies gilt insbesondere

dann, wenn das Drahtgeflecht von den Ameisen überbaut wird. Die Nester mancher Ameisenarten findet man sogar hoch oben in den Baumkronen. Diese Arten nutzen dazu Hohlräume in dürren Ästen. Vor allem warme Eichenwälder mit ihren durchsonnten, lichten Kronen sind die Heimat von solchen Arten wie *Lasius brunneus, Lasius platythorax* und *Lasius fuliginosus*.[66] Diese Ameisen erbeutet auch der Klein- und Mittelspecht.

Körperlotion oder Schnüffelstoff?

Ameisen dienen Spechten nicht nur als Beute, sondern auch zur Körperpflege und zum Komfortverhalten. Neben dem passiven »Einemsen«, bei dem sie sich auf einen Ameisenhaufen setzen und mit Ameisensäure bespritzen lassen, nehmen sie Ameisen mit dem Schnabel auf und reiben sie an Flügeln oder anderen Körperpartien. Vor allem Arbeiterinnen der nicht stechenden Gattung *Formica* werden gerne dazu verwendet.[66] Über die ge-

naue Funktion gibt es zahlreiche Hypothesen. So spekuliert man darüber, ob die Ameisensäure zur Parasitenbekämpfung dient oder als ein Mittel genutzt wird, das die Federn elastisch und funktionsfähig hält. Wieder andere meinen, dass das Ausstreichen dazu dient, die Beute vor dem Verzehr von der ätzenden Ameisensäure zu befreien.[8,66] Eine der jüngsten Theorien glaubt, dass das Einemsen eine stimulierende und autoerotische Wirkung ähnlich einer Droge besitzt. Tatsache ist jedenfalls, dass Ameisensäure desinfizierend und bakterizid wirkt.

Spechte lernen schnell

Die geistigen Fähigkeiten der Spechte werden als hoch eingestuft, weil ihre Gehirnmasse im Verhältnis zum Körpergewicht relativ groß ist. Wären sie keine Einzelgänger, sondern würden in sozialen Gruppen leben, läge der Grund für die hohen geistigen Fähigkeiten auf der Hand. Doch da das nicht

Ein skandinavischer Buntspecht mit Fichtenzapfen
auf dem Weg zur Schmiede.

zutrifft, stellt sich die Frage, warum Spechte ein relativ hoch entwickeltes Gehirn brauchen.

Einen ersten Hinweis gibt das bereits beschriebene Nahrungsverhalten des Grün- und Grauspechtes. Sie kennen die Ameisenhaufen in ihren Revieren nahezu punktgenau, selbst unter einer hohen Schneedecke. Auch alle anderen Spechtarten benötigen ein ausgeprägtes Orientierungsvermögen und ein gut entwickeltes Ortsgedächtnis. So können sie je nach Jahreszeit die ergiebigsten Nahrungsquellen nutzen. Das setzt ein

plastisches Lernverhalten und ein gutes Langzeitgedächtnis voraus.

Kanadische Wissenschaftler fanden heraus, dass Vögel mit einem größeren Gehirn eine höhere Fähigkeit zur »Problemlösung« aufweisen und als Folge davon eine höhere Überlebenswahrscheinlichkeit besitzen.[42a] Vor allem im Winter, bei Nahrungsmangel, ist die Experimentierfreudigkeit besonders hoch. Dies zahlt sich direkt aus. Inzwischen gehört der Buntspecht zu den 12 häufigsten Vögeln an der Futterstelle.

Eine Rangliste der geistigen Leistungen von Vogelgruppen sieht erwartungsgemäß die Rabenvögel auf Platz 1, aber bereits auf Platz 4 folgen die Spechte.

Von Schmieden und Zapfen

Die Fähigkeit zu komplexen Problemlösungen gilt als die größte Intelligenzleistung. Dazu zählt der Werkzeuggebrauch, der bei nur wenigen Vogelarten, wie etwa verschiedenen Rabenvögeln oder den Darwinfinken, bekannt ist. Auch bei mehreren Spechtarten lassen sich Vorstufen des Werkzeuggebrauchs beobachten. Sie benutzen Astgabeln oder natürliche Vertiefungen im Stamm als Schmieden, um Zapfen und Nüsse einzuklemmen und diese dann aufzumeißeln. In den meisten Fällen räumen sie aber diese Stellen für einen mehrmaligen Gebrauch nicht wieder frei. Eine Ausnahme bildet der Buntspecht. Er leert in einem komplexen Bewegungsablauf seine Schmiede von einem bereits ausgebeuteten Zapfen frei, während er den neuen Zapfen mit der Brust gegen den Stamm drückt.

Bei Bedarf zimmert er sich sogar gezielt eine Zapfenschmiede mit einer Kerbe, die der Größe des

Unter Hauptschmieden können sich innerhalb weniger Monate Hunderte von Zapfen ansammeln.

Die Zapfen mitteleuropäischer Fichten sind für den Buntspecht hinsichtlich Größe und Gewicht eine Herausforderung. Nur bei einer durchdachten Standortswahl der Schmiede lassen sich die schweren Zapfen überhaupt dorthin transportieren.

zu »schmiedenden« Objektes angepasst ist.[22] Die Zapfen werden immer mit der Spitze nach oben eingeklemmt, um sie dann mit kräftigen Schnabelhieben zu bearbeiten. Auf diese Weise gelangt der Buntspecht mit seinem Schnabel an die nur stecknadelkopfgroßen Samenkörner zwischen den Zapfenschuppen. In Jahren mit reicher Zapfenernte können sich unter Hauptschmieden zum Ende des Winters Berge von leeren Zapfen ansammeln. Ein Fichtenzapfen kann bis zu 250 Samen enthalten und wiegt etwas mehr als 30 Gramm, was etwa der Hälfte des Gewichtes eines Buntspechtes entspricht.

Somit kann er Fichtenzapfen nur über kurze Distanzen transportieren. In diesem Fall ist es von Vorteil, wenn die Spechtschmiede möglichst tief liegt; damit kann er sie im Sinkflug ähnlich einem Lastensegler ansteuern. Etwa sechs Fichtenzapfen braucht er pro Tag, um seinen Nahrungsbedarf zu decken. Dies entspricht etwa sechs Gramm der nahrhaften Samenkörner, wobei sich Buntspechte nur selten ausschließlich von Koniferensamen ernähren.

Gewusst wie!

Aus den USA wird ebenfalls von bemerkenswertem Spechtverhalten berichtet.[2] So legten in South-Carolina Rotkopfspechte *(Melanerpes erythrocephalus)* Nüsse und Kiefernzapfen auf eine Straße und warteten auf das nächste Auto, das dann die Nüsse für die Spechte knackte. Anschließend lasen sie den nahrhaften Inhalt von der Fahrbahn auf. Die gleichen Rotkopfspechte legen unter anderem auch Nahrungsverstecke mit lebenden Heuschrecken an. Sie klemmen diese so in Spalten ein, dass sie nicht mehr entkommen können. Ein Gilaspecht *(Melanerpes uropygialis)* fütterte gar seinen Nachwuchs mit Honig, den er mit Hilfe

Ein Männchen des Dreizehenspechtes an einem Ringelbaum – einer Aspe im nördlichen Finnland.

von Borkenstücken aufsammelte und transportierte. Dieses Verhalten praktizierte er über mehrere Tage und verwendete neben den Borkenstücken auch andere Materialien wie Sonnenblumenkerne zum »Dippen«.

Naschhafte Amerikaner

Die Saftlecker, eine in Nordamerika vorkommende Gattung von Spechten, können mit einer anderen verblüffenden Art des Nahrungserwerbs aufwarten. Sie hacken Löcher in die Baumrinde und verletzen den darunter liegenden, Saft führenden Bast – der Baum beginnt zu »bluten«. Der austretende zuckerhaltige Saft wird nun von den Spechten aufgeleckt. Ihre Zungenspitze ist besonders angepasst, indem sie statt borstenförmige Widerhäkchen einen Endpinsel aus feinen Borsten besitzt.[21] Als willkommene Zusatznahrung sammeln sich an den Saftstellen Insekten wie Fliegen und Mücken, mit denen die Altvögel sowohl ihren eigenen Eiweißbedarf als auch den ihrer Jungen decken. Mehrere Saftleckerarten sind in ihrer Ernährungsweise so spezialisiert, dass sie im Winter in südliche Regionen ausweichen müssen, weil die Bäume im Norden den Saftfluß während des Winters einstellen. So zieht der Gelbbauch-Saftlecker *(Sphyrapicus varius)* im Herbst von Nordamerika nach Zentralamerika und sogar bis auf die karibischen Inseln.

Süßer Saft durch Ringeln

Weniger intensiv und meist nur im Frühjahr nutzen unsere Bunt-, Mittel- und Dreizehenspechte Baumsaft. Meist kann man die ringförmig angeordneten Perforierungen an mittelstarken, glattrandigen Bäumen entdecken. Man spricht hier vom »Ringeln« der Spechte. An 45 Gehölzarten ließ sich diese Nutzung feststellen, wobei die Linde in Mitteleuropa mit Abstand die am häufigsten geringelte Baumart ist.

Eine intensiv vom Buntspecht geringelte Winterlinde rechts oben: Detailaufnahme von Einschlaglöchern, in der Bildmitte ist deutlich ein frischer Einschlag zu sehen.

unten: direkt unterhalb eines Ringeleinschlages ist im Holz eine kleine Verfärbung sichtbar, ein Hinweis darauf, dass dieser Ringelbaum über viele Jahre benutzt wurde.

Ringelbäume werden jahrzehntelang genutzt, was an Längsschnitten von Stammstücken gut zu erkennen ist. Durch die Einschläge wird des Öfteren auch das unter dem Bast liegende, hauchdünne Kambium in Mitleidenschaft gezogen. Diese Zellschicht zwischen Holz und Bast bewirkt das sekundäre Dickenwachstum, indem sie nach innen Holz- und nach außen Bastzellen bildet. Durch die Verletzung des Kambiums wird die Produktion von Holzzellen gestört, was punktuelle Farbveränderungen im Holz hervorruft. Anhand der Jahresringe lässt sich zurückverfolgen, wie lange Spechte den Baum bereits ringeln. Frische Einschlagstellen, die einen Durchmesser von 3 bis 8 mm aufweisen, findet man meist im Frühjahr. Zu Beginn der

Wachstumsphase des Baumes ist der Saftstrom besonders intensiv. Es bilden sich die Blätter vollständig aus, wozu sie besonders viele Reservestoffe benötigen. Diese waren z. T. in der Wurzel gelagert und werden im Bast von Stamm und Ästen zu den gerade entstehenden Blättern geleitet. Genau zu dieser Jahreszeit ist das sonstige Nahrungsangebot vor allem in reinen Laubwaldgebieten für Spechte besonders knapp, so dass die Nutzung von zuckerhaltigem Baumsaft für Bunt- und Mittelspechte eine optimale Möglichkeit zu sein scheint, den nahrungsarmen Vorfrühling zu überstehen. Damit erklärt sich aber auch, warum der in Gebieten mit rauen Wetterverhältnissen und kurzen Vegetationsperioden lebende Dreizehen-

Um ihren kargen Lebensraum optimal nutzen zu können, haben bei Dreizehen- und Weißrückenspechten die Weibchen (o.m.) kürzere Schnäbel. Männchen (l.o.) su-

chen tiefer im Holz nach Nahrung, während Weibchen mehr Jagd auf rindenbrütende Insekten machen und dies schwerpunktmäßig im Ast- und Kronenbereich.

Beim nahrungssuchenden Weißrückenspechtes (re. oben) sind die arttypischen, waagrechten Hackspuren gut zu erkennen.

specht gebietsweise stark ringelt.[61] Entsprechend der Baumartenzusammensetzung seines Lebensraumes benutzt er dazu häufig Nadelbäume, verschmäht aber gerade in den skandinavischen Wäldern auch Birke und Aspe nicht.

Knappe Ressourcen – clevere Lösungen

Dass Dreizehenspechte ihren kargen Lebensraum intensiv nutzen müssen, zeigt auch die unterschiedliche Schnabellänge von Männchen und Weibchen.[67] Dies wird als Nischenaufteilung innerhalb eines Reviers interpretiert, da so bestimmte Baumbereiche effektiver genutzt werden. Die interne Konkurrenz zwischen den Partnern

verringert sich, da das Männchen mit dem stärkeren Schnabel am unteren Stamm und das Weibchen an dünneren Partien und an Ästen Nahrung sucht.[67] So reicht ein etwas kleineres, einfacher zu verteidigendes Revier mit kürzeren Wegen bei der Jungenaufzucht aus.[32]

Mal Spezialist, mal Opportunist

Wenn eine Nahrungsquelle im Überfluss vorhanden ist, wie z. B. bei der periodischen Massenvermehrung des Frostspanners, einer Schmetterlingsart, nutzen viele Spechtarten gemeinsam mit zahlreichen weiteren Vogelarten gleichzeitig das üppige Angebot. Besonders in der Zeit der

Jungenaufzucht haben Klein-, Mittel- und Buntspecht ein recht ähnliches Beutespektrum. Dann lesen alle drei Spechtarten ihre Nahrung bevorzugt von Blättern und Ästen ab. Im nahrungsarmen Winter hat jedoch jede Art ihre Kernnische, in der ihr keine andere Art verstärkt Konkurrenz macht. So stochert der Mittelspecht in der grobrissigen Borke von alten Bäumen nach Beutetieren, hackt der Buntspecht im morschen Holz nach Käferlarven und sucht der Kleinspecht an nur für ihn zugänglichen dünnen Zweigen und stark zersetztem Totholz nach Insektenlarven. Diese klare Abgrenzung besonders in Zeiten der Nahrungsknappheit macht es möglich, dass bis zu fünf Spechtarten nebeneinander in einem Waldbestand leben können.

Spechte sind flexibel

Allgemeingültige Aussagen über das Nahrungs-spektrum einer Spechtart zu treffen, ist nicht ein-fach. Dazu passen sich Spechte den lokalen Gege-benheiten einfach zu gut an. Weißrückenspechte im hohen Norden ernähren sich ausschließlich von animalischer Kost, ihre Artgenossen in den Pyre-näen nutzen im Herbst häufig Haselnüsse.[67] Der Buntspecht ernährt sich dagegen im nordischen Nadelwald, im Vergleich zu seinen mitteleuropäi-schen Artgenossen, zu einem höheren Anteil von Baumsamen.

Eine besondere Stellung bei der Nahrungswahl nimmt der Blutspecht ein.[62] Er frisst das ganze Jahr über zu einem beträchtlichen Anteil Früchte, Samen und Nüsse. Auch seine Jungen füttert er mit Kirschen und Maulbeeren, aber auch Erd- und Himbeeren. Ansonsten sind Blutspechte wie ihr naher Verwandter, der Buntspecht, vielseitig und erfinderisch. Sie wurden dabei beobachtet, wie sie Maisstrohlager nach den Raupen des Maiszüns-lers durchsuchten oder im Rüttelflug Jagd auf Flug-insekten machten, wozu auch der Buntspecht fä-hig ist.[22] Manche Verhaltensweisen breiten sich sowohl beim Bunt- als auch beim Blutspecht epi-demieartig aus.

So beschädigten Blutspechte in Israel immer wie-der Bewässerungsrohre, vermutlich auf der Suche nach Nahrung, oder lernten Buntspechte in der Umgebung von Kopenhagen, Milchflaschen zu öffnen. Diese Verhaltensweise wurde auch bei lokalen Kohlmeisenpopulationen in England be-obachtet.[42]

Bei der Jungenaufzucht ähnelt sich das Nahrungsspektrum von Klein-, Mittel-, und Bunt-specht. Unermüdlich werden Raupen, Blattläuse, Schnaken und andere im Überfluss vorkommende Insekten im Schnabel herbeigeschafft. Damit ist die Transportkapazität beschränkt und die Fütterfrequenz hoch.

Die Balz –
Drohen, Trommeln, Quäken –
wenn Einzelgänger Hochzeit feiern

Ein Schwarzspecht trommelt an einem in 15 m Höhe abgebrochenen Buchenstamm in dem sich etwa sieben Meter darunter die Bruthöhle befindet (s. S. 46).

Balzflug eines Schwarzspechtmännchens.

Kompliziertes Liebesleben

Spechte beginnen bereits im ausgehenden Winter mit der Balz, obwohl sie erst relativ spät brüten. Ein Grund hierfür scheint ihre einzelgängerische Lebensweise zu sein. Es dauert lange, bis sich die Partner aneinander gewöhnen und ihr aggressives Verhalten nachlässt.[7,8,21] Grundsätzlich hat die Balz zwei Ziele: einen Fortpflanzungspartner zu finden und ein ausreichend großes Brutrevier zu besetzen. Obwohl Spechte äußerst territorial sind, haben ihre Reviere keine so scharfen Grenzen wie etwa die der Singvögel. Vielmehr gibt es im Streifgebiet von Spechten Zonen unterschiedlicher Wichtigkeit, die dementsprechend mehr oder weniger intensiv verteidigt werden. Höchste Priorität haben Baumhöhlen und ergiebige Nahrungsquellen.

Begehrte Reviere

Die Aufenthaltsorte von Spechten können jahreszeitlich stark differieren. So halten sich manche Buntspechte nach dem Selbständigwerden der Jungen im Spätsommer / Herbst in Ortschaften auf. Im ausgehenden Winter kehren sie wieder in den Wald zurück, um sich dort erneut ein Revier zu erobern. Dabei stoßen sie auf erbitterten Widerstand der Revierinhaber, welche die attraktivsten Höhlen- und Nahrungsbezirke energisch verteidigen. Der eigentlichen Balz im Frühjahr geht bei vielen Spechten die Herbstbalz voraus. Sie dient ebenso zur Abgrenzung oder Neuordnung der Reviere und Höhlenbezirke. Die Jungspechte suchen in dieser Zeit Schlafhöhlen und wollen eigene Reviere besetzen. Sind Höhlen als lebenswichtige Unterkunft einmal in Besitz genommen,

Ein Grünspechtmännchen lässt seine lachenden Balzrufe von der Spitze einer Lärche ertönen. Von dort ist er gut sichtbar und weit zu hören.

Grauspechte markieren ihr Revier durch ähnliche Rufe wie der Grünspecht.

Grauspechte trommeln im Gegensatz zum Grünspecht auch regelmäßig.

bleiben sie beim Schwarz-, Grün- und Grauspecht oft über mehrere Jahre ein zentraler Bestandteil ihres Streifgebietes.

Die Höhle – Mittelpunkt des Balzgeschehens

Da sich Reviere von Weibchen und Männchen stark überlappen und bevorzugte Schlafhöhlen oftmals nahe beieinander liegen, sind diese Höhlenzentren auch eine Art Treffpunkt. Dort lernen sich potenzielle Brutpartner kennen oder lassen alte Brutpaare ihre Beziehungen wieder aufleben. Um beim abendlichen Einflug außerhalb der Balz und Jungenaufzucht kein Verteidigungsver-

halten auszulösen, haben die Geschlechter sogar leicht verschobene »Schlafengehenszeiten«. Dass Spechtreviere selbst in der Brutzeit räumlich nicht scharf voneinander abgegrenzt sind, zeigte das Verhalten eines Schwarzspechtweibchens im Vorland der Schwäbischen Alb. Es flog jeden Abend von seinem Nahrungs- und Brutrevier etwa 3 km weit zu seiner Schlafhöhle in das Territorium eines benachbarten Schwarzspechtpaares.[75] Schwarzspechte brüten oftmals in Höhlen, die sie zum Teil schon Jahre vorher angelegt haben. Solche alten Höhlen werden vom Männchen schon im Herbst in Besitz genommen und zum Nächtigen täglich aufgesucht. Kleinere Spechtarten, die fast jedes Jahr eine neue Höhle bauen, müssen sich dagegen nach der Paarfindung erst einmal

auf einen Bruthöhlenstandort einigen. Der bestehende oder zukünftige Höhlenbaum wird dann zum Mittelpunkt des Balzgeschehens.

Trommeln – eine Sprache der Spechte

Eine der auffälligsten Balzhandlungen ist wohl das Trommeln, dessen Botschaft dem Vogelgesang nahe kommt. Mit Trommeln werden Reviere markiert, Geschlechtspartner angelockt und sexuell stimuliert. So trommeln und rufen männliche Schwarzspechte, die keine Partnerin gefunden haben, unentwegt bis zu 300 Mal am Tag,[8] oft über mehrere Monate hin bis zum Ende der Brutzeit. Beide Geschlechter trommeln, die Weibchen

33

Trommelstellen mit optimalen Resonanzeigenschaften werden häufig von mehreren Spechtarten gemeinsam genutzt. Hier nutzt ein Buntspechtweibchen den gleichen Trommelast wie der Schwarzspecht auf der Abbildung S. 32.

jedoch seltener und kürzer. Dazu dienen Holzteile mit besonders guten Resonanzeigenschaften, z. B. ein abgestorbener Ast oder ein Baumstumpf. Das Holz muss trocken und unzersetzt sein. Ideale Trommelstellen sind leicht ausgehöhlt und befinden sich möglichst weit oben am Baum, weil von dort die Information besonders weit durch den Wald schallt. Bis zu 1,8 km kann das Signal bei Schwarzspechten zu hören sein.[8] Je tiefer der Ton und damit die Frequenz, desto weiter reicht das Signal. Das gleiche Phänomen kennen wir von näher kommender Blasmusik, bei der von weitem schon die Tuba, aber erst auf kurze Distanz die hohen Töne der Klarinette zu hören sind. Gute Trommelplätze sind meist rar im Spechtrevier. Daher wird ein geeigneter Klangkörper oft von mehreren Arten genutzt und gehört zusammen mit den Höhlenbäumen zu den wichtigsten Requisiten eines Spechtreviers.

Reviere, in denen sich Gebäude oder gar Ortschaften befinden, bieten daneben auch künstliche Trommelplätze mit besonders guten Klangeigenschaften. Feuerwehrsirenen, Parabolspiegel, Dachrinnen oder Blechkuppeln von Kirchen sind resonanzstarke und damit Respekt einflößende Trommelplätze. Das Trommeln gehorcht artspezifischen Mustern. Es lässt sich nach Dauer, Schlagfrequenz und Lautstärke den Arten eindeutig zuordnen.[4] So erzeugen Schwarzspechte lange Trommelserien von 2,5 Sekunden Länge und durchschnittlich 43 Schlägen,[8] Buntspechte trommeln nur 0,6 Sekunden mit kaum mehr als zehn vernehmbaren Schlägen.[4]

Spechte besitzen zudem ein umfangreiches Repertoire an Rufen. Sie dienen ebenfalls der Reviermarkierung und dem Anlocken potenzieller Partner. Beim Grün- und Mittelspecht ersetzen sie das Trommeln fast gänzlich. Kleinspechte versuchen ihre Partner durch ausdauernde Ki-Ki-Rufe anzulocken.[4] Die quäkenden Laute des Mittelspechtes, die weitreichenden Rufreihen des Grünspechts und die klagenden Kwih-Rufe des Schwarzspechtes gehören wie das Trommeln zur akustischen Frühjahrsatmosphäre unserer Wälder. Die Wer-

bung der Geschlechter hat bei vielen Arten den Charakter einer Drohbalz.[7]

Zwischen Ablehnung und Zuneigung

Besonders beim Bunt- und Dreizehenspecht schwanken sowohl Männchen als auch Weibchen zwischen dem Bedürfnis, ihr Revier zu verteidigen, und dem Verlangen eine Partnerschaft einzugehen, hin und her. Entsprechend ambivalent verlaufen die ersten Begegnungen der potenziellen Partner. Dabei wird das Weibchen oftmals vom Männchen attackiert. Gemeinsames Trommeln oder vereintes Verjagen eines Eindringlings verringern diese Aggressionen und stärken den Zusammenhalt. Da die sexuelle Synchronisation der recht

Höhlenzeigen in stämmiger Körperhaltung ist Teil des Balzrepertoirs.

Buntspechte führen während der Balz sowohl bei Auseinandersetzungen mit Rivalen als auch bei Interaktionen mit dem potentiellen Partner Flatterflüge mit auffälligen Fluggeräuschen durch, bei denen das Rot des Schwanzes besonders präsentiert wird.

Treffen zwei Männchen aufeinander, kommt es nur sehr selten zu direkten Kämpfen. Meist wird die Revierfrage durch akrobatische Flugmanöver und akustische Drohgebärden entschieden.

aggressiven Einzelgänger relativ lange dauert, kann man das Trommeln von Januar bis weit in den April hören. Ebenso finden zu dieser Zeit rasante Verfolgungsjagden sowohl im Flug als auch kletternd entlang von Stämmen statt. Ein vom Männchen ausgeführter, betont langsamer Flatterschwebflug mit hochgestelltem Schwanz und flachen Flügelschlägen stellt bei vielen Arten ein Beschwichtigungsritual dar.

Schwertkampf und andere Rituale

Spechte sind unter Laien die bekannteste Vogelfamilie.[101] Dies ist vor allem auf das unverwechselbare Aussehen und das häufige Vorkommen des Buntspechtes zurückzuführen. Sowohl Körperform als auch die Gefiederfärbung mit den leuchtend roten Unterschwanzdecken und Flanken prägen sich bei ornithologischen Laien gut ein. Die Männchen aller unserer Spechtarten weisen eine Rotfärbung (mit Ausnahme der Gelbfärbung beim Dreizehenspecht) am Kopf und zum Teil am Bauch auf. Vor allem die Signalfärbung am Kopf leistet bei rivalisierenden Männchen zusammen mit Drohgebärden einen wichtigen Beitrag zur innerartlichen Kommunikation. Die roten Hauben werden während einer solchen Streitigkeit möglichst weit abgespreizt und so noch besser zur Geltung gebracht. Neben dieser Art der Körpersprache gibt es auch regelrechte Schaukämpfe.

So sitzen sich rivalisierende Weißrückenspechte auf einem Ast gegenüber und drohen einander mit überstrecktem Nacken und ihren Schnäbeln.

Dabei wirken sie wie Schwertkämpfer kurz vor der Auseinandersetzung. Ein besonders eindrucksvolles Schauspiel ist das ritualisierte Drohverhalten konkurrierender Schwarzspechtmännchen: Mit lautem Kjäh-Rufen fliegen sie einen Stammfuß an. Dann jagen sie sich in Spiralen den Baumstamm entlang nach oben. Sie halten dabei immer wieder inne, sträuben die Federhauben und stoßen gleichzeitig mit den Schnäbeln in die Luft. Beide Rivalen wirken aufs Äußerste erregt und wiegen den Körper in eckigen Bewegungen hin und her, bis die Verfolgung Stamm aufwärts weiter geht. Bis zu einer Stunde kann ein solcher Schau- oder Kommentkampf dauern. Dabei präsentieren sie immer wieder ihre rote Federhaube, begleitet von einem schwachen, drohenden Rü-rür-Ruf. Das Rot im Kopfgefieder und die ruckartigen Bewe-

Die Kopula findet bei Spechten bevorzugt nur auf möglichst waagrechten Ästen statt. Das Buntspecht-Weibchen schmiegt sich auf den Ast und fordert das Männchen mit Kontaktrufen zur Paarung auf.

gungen lösen beim gleichen Geschlecht Aggressionen aus. Zudem werden zur Einschüchterung des Gegners markante Flugmanöver mit auffällig gespreizten Flügeln und lauten Fluggeräuschen durchgeführt.[90]

Auch die Weibchen mischen mit

Auch Spechtweibchen markieren den Kern ihres Streifgebietes durch Trommeln und Rufen. Damit nehmen sie ein Gebiet für sich in Anspruch, um lästige Nahrungskonkurrenz auszuschließen. Beim Buntspecht, in abgeschwächter Form auch beim Mittelspecht, gibt es sogar eine regelrechte Rollenumkehr, indem die Männchen bestmögliche Brutterritorien besetzt halten und die Weibchen während der Balz aktiv um die Männchen mit den vielversprechendsten Revieren kämpfen, wobei

meist die älteren Weibchen mit Bruterfahrung als Sieger hervorgehen. Damit lässt sich erklären, warum die Weibchen dieser Arten ebenfalls signalrote Unterschwanzdecken besitzen.[46]

Drohen ja – Kämpfen nein

Ritualisiertes Drohen lässt sich z. B. bei Grau- und Grünspecht beobachten. Ertönen die Rufe eines Eindringlings, richtet sich das Revier inhabende Männchen demonstrativ auf und sträubt Kopf- und Nackengefieder. »Stiernackenpose« wird diese Haltung anschaulich im Fachjargon genannt. Bei weiterer Annäherung beginnen die Rivalen durch monotone Pendelbewegungen das Rot der Kopfplatte und der Wangen zu präsentieren. Hilft auch dieses Ritual nicht, kommt es in letzter Konsequenz zu Hackkämpfen.

Beim Mittelspecht ist die Rotfärbung am deutlichsten. Die roten Kopffedern werden bei Erregung weit abgespreizt.

Ganz ähnlich verhalten sich auch künftige Partner zu Beginn der Paarbildung. Allerdings wird das aggressiv motivierte Drohpendeln in diesem Fall immer mehr durch Schwenken mit gesenktem Kopf entschärft. Bei Grün- und Grauspecht lässt sich sogar Balzfüttern beobachten, was die Distanz abbaut und die Paarbindung stärkt.

Mythos Partnertreue

Auch in jüngster Zeit entdeckte man noch überraschende Details aus dem Familienleben der Spechte. So glaubte man lange Zeit, dass Spechte monogam seien. Doch mit Hilfe der Telemetrie, einer Funkwellen- oder GPS-basierten Methode der Zoologie und durch DNA-Analysen wurde bereits bei mehreren Spechtarten nachgewiesen, dass sich Weibchen während einer Brutsaison mit zwei Männchen verpaarten.

In einer Studie von Kerstin Höntsch im hessischen Bergland hatte sich das besenderte Kleinspechtweibchen Mary im zeitigen Frühjahr mit einem Männchen namens Peter verpaart.[33] Gemeinsam bezogen sie eine Höhle und schritten zur Brut. Alles wirkte zunächst völlig normal. Doch kaum hatte Mary sechs Eier gelegt, flog sie regelmäßig zum Schlossberg, um sich mit Alex, einem weiteren Kleinspecht, im Nachbarrevier zu treffen. Kurz darauf fanden sich auch in seiner Höhle fünf Eier. Mary kümmerte sich zunächst um beide Bruten, bis Alex eines Tages nicht mehr auftauchte, was Mary dann bewog, die Brut aufzugeben. Auch bei Studien am Dreizehenspecht in den Hochlagenwäldern des Nationalparks Berchtesgaden verpaarten sich von 27 Weibchen immerhin zwei mit einem weiteren Männchen.[54] Mit dieser Strategie soll erreicht werden, dass trotz hoher Brutverluste und geringer Lebenserwartung möglichst viele Nachkommen großgezogen werden.

Gerade im Bereich der Fortpflanzungsbiologie konnten durch neue genetische Untersuchungsmethoden viele spannende Erkenntnisse gewonnen werden. Dabei zeigt sich, dass die starre Einteilung in monogame und polygame Arten oft nicht mehr haltbar ist. Allgemein gilt: Je nach Kondition, Partnerangebot und Situation paaren sich Individuen mit mehreren Partnern. Weibchen, die sich mit zwei Männchen paaren, streuen das Risiko und produzieren mehr Nachkommen. Nicht die Arterhaltung ist dabei die Triebfeder, sondern der Wunsch, die eigenen Gene zu verbreiten.

Der Höhlenbau – wenn die Späne fliegen

Baumhöhlen – eine alte Strategie

Die »selbstgezimmerte« Baumhöhle ist ein bewährtes Erfolgsmodell, wenn man bedenkt, dass die älteste bekannte Spechthöhle 50 Mio. Jahre alt ist. In einem versteinerten Fragment eines Baumstammes aus der Sonora-Wüste in Mexiko entdeckte man die Nisthöhle einer Spechtart aus dem Eozän, die sich von den Behausungen heutiger Spechte kaum unterscheidet.[42] Tatsächlich vereint eine passende Höhle mehrere Vorteile. Die Windruhe im Inneren wirkt sich positiv auf den Wärmehaushalt der Jungvögel aus. Sie verhindert die Verdunstungskälte, die mit zunehmender Windstärke exponentiell ansteigt und Energie zehrend ist.

Ein Höhleneingang in mehreren Metern Höhe schützt vor Bodenfeinden wie Katze oder Fuchs, wogegen ein möglichst kleiner Eingang wiederum kletternde Arten wie den Baummarder ausschließt. Im großen Durchschnitt sind 80 % aller Spechtbruten erfolgreich.[53a] Das ist enorm hoch im Vergleich zu lediglich 45 % bei Freibrütern, bei denen mehr als jede zweite Brut verloren geht.[88]

Birkenstümpfe mit dem leicht zu bearbeitendem Totholz werden von den kleineren Spechtarten gerne für die Anlage ihrer Höhlen genutzt.

Höhlenbauende Vögel

Nur wenige Vogelarten sind in der Lage, Baum- oder Erdhöhlen zu bauen. In der mit den Spechten nahe verwandten Ordnung der Rackenvögel sind es Bienenfresser und Eisvögel, die Erdröhren in Steilwände graben. Weltweit gibt es sogar mehrere Spechtarten, wie den Feldspecht in den Anden oder den Grundspecht in Südafrika, die in selbstgegrabenen Erdhöhlen ihre Jungen aufziehen. Unter den heimischen Singvögeln findet man diese Art des Nestbaus nur bei der Uferschwalbe. Es gibt aber auch zwei Singvogelarten in unseren Wäldern, die Baumhöhlen anlegen: die Weiden- und die Haubenmeise.

Wegen ihrer geringen Körpergröße und ihrer zierlichen Schnäbel können sie nur weiches, bereits morsches Holz von Weide, Pappel oder Birke bearbeiten. Dabei stehen Birkenstümpfe in der Beliebtheitsskala ganz oben, weil die elastische und ziemlich verwitterungsbeständige Borke der Birke selbst stark vermoderten Stämmen noch eine beachtliche Stabilität verleiht. Es ist erstaunlich, welche langen Späne entstehen, wenn Haubenmeisen Höhlen bauen. Sie transportieren diese im Gegensatz zu Spechten ab und lassen sie in der Nähe der Bruthöhle fallen, wo sich auffällige Spänehaufen bilden. Hat man eine solche Stelle entdeckt, meint man zunächst einmal, die Baustelle eines Spechtes gefunden zu haben. Man sucht dann aber vergeblich nach dem passenden Höhlenbaum. Da die Meisen sich während der Bau- und Brutphase heimlich verhalten, um den Standort ihres Nestes nicht zu verraten, dauert es mitunter eine ganze Weile, bis der Höhlenbaum gefunden ist.

Allerdings bauen weder Hauben- noch Weidenmeise eine ähnlich exakt geformte Höhle, wie wir es von unseren Spechten kennen. Den beiden Meisenarten geht es nur darum, einen halbwegs passenden Hohlraum zu schaffen, in dem sie dann ihr Nest aus Moos und Tierhaaren einpassen können.

Spechte haben da schon »genauere Vorstellungen« bezüglich des Bauplanes ihrer Höhlen, die sie

Die Rückseite einer Buntspechthöhle wurde von einem fremden Buntspecht aufgehackt. Es wurden lediglich zwei Eier angepickt, das Gelege daraufhin aber verlassen. Wenige Tage später baute ein Blaumeisenpaar sein Nest in die Höhle. Auch dessen Gelege wurde wenig später geplündert. Am unteren Rand der Öffnung ist ersichtlich, wie dünn die Höhlenwand war. Die stabile Birkenrinde gibt jedoch dem morschen Holz noch genügend Stabilität.

nicht mit zusätzlichem Nistmaterial ausstatten. Sie polstern lediglich die Brutmulde mit feinen Spänen aus.[2] Unsere kleineren Spechte nutzen für den Höhlenbau oft abgestorbene Bäume, die schon ziemlich morsch sind. Hierin unterscheiden sich etwa die Ansprüche des sperlingsgroßen Kleinspechtes nicht wesentlich von denen der Hauben- oder Weidenmeise.[33] Auch er benötigt weiches, leicht zu bearbeitendes Holz, um seine Brut- und Schlafhöhlen anzulegen. Diese Höhlen in »Leichtbauweise« sind nicht dauerhaft und eignen sich meist nur für eine Brutsaison.

Eine Haubenmeise verläßt gerade ihre selbstgezimmerte Höhle, die nach Meisenart mit Moos ausgepolstert wird. Wenige Meter entfent sammelt sich die herausgearbeiteten, auffällig langfaserigen Späne vom Höhlenbau an einem Hauptlandeplatz an.

Der Höhlenbauplan

Der grundsätzliche Bauplan der Höhlen ist den Spechten angeboren. Am unteren Rand des Höhleneingangs legen Schwarz- und oft auch Buntspecht eine Schräge an,[7] um Regenwasser abzulei-

Ein Grauspechtmännchen wirft Späne aus der fast fertigen Höhle.

rechts: Unter einer entstehenden Buntspechthöhle in einem Birkenstumpf sammeln sich frische Späne an.

ten. Bei den genauen Maßen gibt es aber durchaus erhebliche Abweichungen.[21,69] Die Tiefe einer Kleinspechthöhle kann zwischen 10 und 18 cm, bei Schwarzspechten zwischen 31 und 55 cm betragen. Der Durchmesser der Höhlen variiert dagegen in engeren Grenzen. So beträgt der Höhlendurchmesser bei Kleinspechten 10 bis 12 cm, bei Schwarzspechten 25 bis 30 cm.[21] Klein- und

Mittelspechte, aber auch Dreizehenspechte bauen nahezu jedes Jahr eine neue Höhle. Buntspechte nutzen dagegen bei ausreichendem Höhlenangebot vielfach bereits bestehende Höhlen. Wenn Nachnutzer wie Meisen, Siebenschläfer oder Stare darin gebrütet bzw. gewohnt haben, säubert das Buntspechtpaar die Höhle von altem Nistmaterial und polstert anschließend den Höhlenboden

Ein Grauspechtpaar bei der Ablösung während des Höhlenbaus. Das Weibchen (rechts) beteiligt sich nur in geringem Umfang an den Bauarbeiten. Die regelmäßigen Ablösungen stärken jedoch die Bande zwischen dem Paar.

wieder mit Holzspänen aus, die sie von den Innenwänden der Höhle gewinnen.

Bei der Wahl eines Höhlenstandortes kommt es in erster Linie darauf an, dass das Holzsubstrat zum Höhlenbau geeignet ist. In welcher Höhe sich die Höhle befindet und in welche Himmelsrichtung der Eingang zeigt, ergibt sich daraus, wird also nicht gezielt von den Spechten in die Standortwahl miteinbezogen.[96] So kommt es auch vor, dass der größere Bunt- oder Mittelspecht die Höhle eines Kleinspechtpaares in Besitz nimmt und diese dann entsprechend den eigenen Bedürfnissen ausbaut. Ebenso können kleinere Schlafhöhlen bei Bedarf zu Bruthöhlen ausgebaut werden.

Unsere drei größten Spechtarten aber auch der Buntspecht nutzen ihre Höhlen häufig über mehrere Jahre. Das kann mit längeren Unterbrechungen geschehen, wie Nutzungsgeschichten Jahrzehnte alter Schwarzspechthöhlen zeigen.[74] Spechte folgen beim Bau ihrer Höhlen keinem starren Muster. Je nach Situation wählen sie den Weg des geringsten Aufwandes, was einmal mehr ihre Fähigkeit unterstreicht, auch mit komplexen Aufgabenstellungen fertig zu werden.

Höhlenbau als Partnerübung

Die gemeinsame Arbeit an der Höhle stellt einen wichtigen Beitrag zur Partnerbindung dar. Sie erhöht die Vertrautheit zwischen den Partnern und übt wichtige Verhaltensweisen wie die Brutablösung ein. An der Höhlenbaustelle treffen sich die Partner und wechseln sich bei der Arbeit ab. Im Regelfall leistet das Männchen den weitaus größeren Teil der Arbeit. In der Nähe des künftigen Brutplatzes finden auch die ersten Kopulationen statt. Dazu fliegt das Weibchen auf einen waagrechten Ast in der Nachbarschaft und fordert das

Spechte säubern geeignete Höhlen von den Resten alter Nester, um sie wieder zu benutzen.

Männchen mit Rufen und Pendelbewegungen (bei Grau-, Grün- und Schwarzspecht)[8] oder abgespreizten, zitternden Flügeln (bei den Buntspechten)[9] zur Paarung auf.

Selbst wenn eine gebrauchsfertige Höhle zur Verfügung steht, wird während der Balz symbolisch an einer oder mehreren anderen Höhlen gebaut. Damit gibt es in vielen Spechtrevieren sogenannte Initialhöhlen, an denen der Höhlenbau mehr oder weniger intensiv als fester Bestandteil der Werbung stattfindet. An vielen unvollendeten Höhlen helfen Pilze mit, das Holz weiter zu zersetzen und erleichtern später wiederum den Spechten die Fortsetzung ihrer Arbeit. Durch dieses Wechselspiel minimiert sich der Arbeitsaufwand für die Spechte. Diese langfristige Taktik kann sich ein Spechtpaar aber nur leisten, wenn genügend geeignete Höhlen im Streifgebiet vorhanden sind, was sich im Frühjahr oftmals schnell ändern kann.

Höhlen in Schnellbauweise

Es kommt häufig vor, dass ein Spechtpaar die auserkorene oder gerade fertig gestellte Bruthöhle an Höhlenkonkurrenten verliert. Besonders umkämpft sind die geräumigen Höhlen des Schwarzspechtes, die z. B. von Raufußkauz und Hohltaube genutzt werden. Aber auch Stare und Sperlinge sind durchsetzungskräftige Höhleninteressenten, die regelmäßig Bunt- und Kleinspechten ihre Bruthöhlen erfolgreich streitig machen. Dann gilt es, innerhalb kurzer Zeit eine Ersatzhöhle zu zimmern. In einer solchen Situation können Höhlen in weniger als zwei Wochen, in Extremfällen sogar innerhalb einer Woche, komplett geschaffen werden. Doch das sieht man den Höhlen an. Der Eingang ist noch rau, das Einflugloch nicht oval bzw. rund und die Höhle innen oft recht klein.[7]

Um als Bruthöhle geeignet zu sein, dürfen Höhlen nur einen Eingang besitzen und müssen auch in den Maßen den artspezifischen Bedürfnissen entsprechen. An Schlafhöhlen werden geringere Ansprüche gestellt. Sie können durchaus überdimensioniert sein und mehrere Eingänge aufweisen. Hier übernachtet ein Buntspechtweibchen in einer ehemaligen Bruthöhle. Der Schnabel befindet sich im Höhleneingang.

Gefährlicher Höhlenbau

Etwa die Hälfte der Arbeitszeit entfällt beim Höhlenbau auf die Außenbauphase, während der die Spechte, an den Stamm geklammert, den Höhleneingang und den oberen Teil der Höhle anlegen. Dies ist ein besonders gefährlicher Bauabschnitt, weil sich während des Hackens Flugfeinde wie Sperber und Habicht leicht unbemerkt nähern können. Deswegen sichern die Spechte nach wenigen Anschlägen aufmerksam nach allen Richtungen. Die beim Zimmern entstehenden Späne werden schwungvoll ausgeworfen. Dies scheint auch einen gewissen Signalcharakter zu haben, da es fast schon mit übertriebenem Elan geschieht. Erst wenn der Specht allmählich in der Höhle Platz findet, ist er weniger gefährdet.

Doch auch während der Innenbauphase wird intensiv gesichert, indem Kopf und Hals weit aus der Höhle gestreckt und nach allen Richtungen gespäht wird, um Feinde oder Rivalen zu entdecken. Beim Bau einer Schwarzspechthöhle in einem Buchenstamm können über 10 000 Späne ausgeworfen werden, die sich am Stammfuß sammeln und eine Zeit lang durch ihre helle Färbung auffallen. Sobald die Höhle ausreichend Platz bietet, übernachtet das Männchen in ihr, um sie vor Konkurrenten zu schützen. Jede Höhle altert jedoch und entspricht irgendwann nicht mehr den Ansprüchen ihrer Erbauer. Wenn das Höhlendach zu stark ausgefault ist oder Wasser eindringt, muss eine neue Höhle gezimmert werden. Das ist die Chance für andere, weniger durchsetzungskräftige Nachnutzer.[96]

linke Reihe: Ein Schwarzspechtmännchen während der Innenbauphase. In kurzen Abständen erscheint es am Höhleneingang und wirft die Späne im hohen Bogen hinaus. Immer wieder sichert es mit weit gestrecktem Hals und läßt Balzlaute erklingen.

rechts: Schwarzspechte legen Initialhöhlen an – hier unterschiedliche Baustadien. Nach einigen Jahren werden diese dann zu echten Höhlen ausgebaut.

Das Familienleben – von schnellen Brütern und gerechter Rollenverteilung

Spechte werben lang und brüten spät. Andere kleine Höhlenbewohner wie die echten Meisen oder der Kleiber brüten deutlich früher im Jahr,[82] obwohl sich die Nahrung von Meisen und kleineren Spechten während der Jungenaufzucht durchaus ähnelt. Für diesen Unterschied gibt es eine überzeugende Erklärung: Haubenmeisen bauen ein üppig ausgepolstertes Nest, dessen feste Kuhle mit Tierhaaren, Bastfasern und Rindenstücken gut isoliert ist. Die schon im Vorfrühling brütende Haubenmeise ist innerhalb der Familie der Meisen die früheste und hat deshalb auch das tiefste, dichteste und am besten isolierte Nest. Damit können auch Kälteeinbrüche gemeistert werden.

Spartanische Nester

Spechte legen dagegen ihre Eier lediglich auf eine Unterlage aus Holzspänen, die nur wenig isoliert.[59] Zudem haben Meisen eine viel höhere Zahl an Nachkommen pro Gelege als Spechte. Sind es bei Meisen oft sogar über zehn Jungvögel, so ist es bei Spechten durchschnittlich nur die

Das Gelege eines Grünspechtes.

rechts: Ein Schwarzspechtmännchen füttert ein fast flügges Junges. Deutlich ist der hellgraue Fleck an der Buchenrinde im Schwanzbereich des Altvogels zu erkennen. Durch das häufige Anfliegen werden von den starren Federn des Stützschwanzes die Flechten von der Baumrinde gescheuert.

Hälfte je Brut. Je mehr Junge sich aber in einem Nest befinden, desto geringer ist der relative Wärmeverlust und desto weniger Energie muss der einzelne Jungvogel für den Erhalt seiner Körpertemperatur aufwenden. Durch den späteren Brutbeginn ab Mitte April wird dieser »Schwachpunkt« ausgeglichen.

Wenn Spechte endlos Eier legen

Die Eier der Spechte schimmern reinweiß und sind stark glänzend. Tarnung haben sie im Dunkel der Höhle nicht nötig. Wie Hühner legen Spechte während der Legephase täglich ein Ei, was in der Regel in den Morgenstunden geschieht. Dabei produzieren sie grundsätzlich so lange, bis die arttypische Gelegegröße erreicht ist – man spricht von determinierten Legern. Wie stark manche Spechtarten auf die offensichtlich genetisch festgelegte Gelegegröße fixiert sind, zeigt der Versuch eines amerikanischen Forschers an einem Goldspechtweibchen (*Colaptes aurata*). Täglich entfernte er das frisch gelegte Ei, und ganze 70 Mal legte es nach.[2] Bei den meisten unserer Spechtarten besteht ein vollständiges Gelege aus etwa sechs Eiern. Lediglich die beiden Bergbewohner Weißrücken- und Dreizehenspecht und der Schwarzspecht liegen mit drei bis fünf Eiern etwas darunter und der Gauspecht mit sieben bis neun Eiern etwas darüber.

Mal zu warm und mal zu kalt

Um die Körperwärme effizient auf die Eier übertragen zu können, entwickelt sich bei beiden Geschlechtern ein nackter, besonders intensiv durchbluteter Brutfleck an der Vorderbrust. Wird es in der Höhle zu kalt, steigert der brütende Altvogel die Wärmeproduktion, wird es zu warm, hört er vorübergehend auf zu brüten, klettert zum Höhleneingang und kühlt sich durch Hecheln ab.[2] Mitunter verlässt er sogar für kurze Zeit die Höhle.

Diese Buche wurde jahrzehntelang (mit Unterbrechungen) vom Schwarzspecht als Höhlenbaum genutzt.

von links nach rechts: Der Ablauf einer Brutablösung bei einem Schwarzspechtpaar: Das schlafende Männchen

wird durch das an der Höhle landende Weibchen geweckt und verlässt die Höhle. Das Weibchen hält Dis-

tanz zum ausfliegenden Partner und drückt sich während des Abfluges des Männchens betont an den Stamm.

Tagsüber wechseln sich die Partner beim Brutgeschäft regelmäßig ab. Nachts brütet ausschließlich das Männchen.

Widerstreit der Gefühle

Die Brutablösung gleicht besonders bei den Erdspechten und dem Schwarzspecht einer Zeremonie. Der ablösende Altvogel kündigt durch Rufe, manchmal auch durch Trommeln, sein Kommen an. Dann landet er an der Höhle. Auch in dieser Situation lässt sich ein Widerstreit der »Gefühle«, soll heißen, eine Abwehrhaltung gegenüber dem ausschlüpfenden Partner erkennen. Besonders deutlich ist dies bei Schwarzspechten zu beobachten.

Der ablösende Altvogel drückt sich vor dem aus der Höhle kommenden Vogel flach an den Stamm, um ihm auszuweichen. Erst nachdem der abgelöste Specht abgeflogen ist, begibt sich der ablösende Specht an den Höhleneingang und schlüpft hinein. Zuvor aber schaut der Neuankömmling mehrmals in die Höhle, als wolle er sich versichern, dass der Partner die Höhle tatsächlich verlassen hat und sich kein Feind darin befindet.
Manchmal reagiert der brütende Specht nicht sofort auf die Ablösungsrufe des Partners. Dann ist der Bruttrieb des ankommenden Vogels so aufgestaut, dass es zu aggressiven Übersprungshandlungen kommt. Der »genervte« Vogel reagiert sich in dieser Situation an einem Nachbarbaum oder am Höhleneingang mit heftigen Schnabelhieben

ab. Zahlreiche Narben in der Rinde bei den Höhleneingängen zeugen davon. Kommt der Partner nicht aus der Höhle, führen Drohrufe und »wütende« Klopfzeichen am Höhlenbaum bald zum Erfolg.

Verluste eher selten

Brütende Spechte verlassen im Regelfall nur selten ihr Gelege, wenn Feinde oder Höhlenkonkurrenten sie bedrohen. Sie versuchen, mit Schnabelstoßen und Federrasseln die Gegner in die Flucht zu schlagen. Mitunter reagieren aber brütende Schwarzspechte heftig auf Kratz- und Schabgeräusche und verlassen fluchtartig die Höhle.

Probleme mit dem Sauerstoff

Brutverluste durch Feinde sind auch bei den größeren Spechtarten mit größeren Höhleneingängen, im Vergleich zu Folgebrütern, erstaunlich niedrig.[53a] So wurden von 300 Bruten des Schwarzspechtes und der Hohltaube lediglich zwei vom Marder geplündert und zehn Bruten gingen durch Wassereinbruch verloren.[75a] Die größten Verluste muss wohl der Kleinspecht durch seinen großen Verwandten – den Buntspecht – hinnehmen.[59] Insgesamt bieten Baumhöhlen aber eindeutig den besseren Schutz vor Nesträubern. Nur 20 % der Spechtbruten gehen im Durchschnitt verloren.[53a] Die Hohltaube etwa verliert dagegen fast die Hälfte ihrer Eier (40 %) durch inner- und zwischenartliche Auseinandersetzungen um Höhlen.[21]

In Baumhöhlen zu brüten, bringt aber auch ein Problem mit sich: In der Tiefe der Höhle bildet sich durch die nahezu permanent brütenden Altvögel am Höhlenboden ein »See« aus Kohlendioxid. Die Spechtembryos in ihren Eiern benötigen aber mit zunehmendem Alter mehr Sauerstoff, der durch passive Gasdiffusion zunehmend schwerer zu decken wäre. Dieses Problem wird bei den Spechten entschärft, indem die Küken früh schlüpfen und so ihre Lungen relativ zeitig aktiv zu atmen beginnen. Die kurze Brutdauer (beim Buntspecht sind es manchmal nur 8,5 Tage) wird jedoch mit einer relativ langen Nestlingszeit und einer intensiven Zuwendung erkauft. Rechnet man die kurze Brut-

und die lange Nestlingsdauer der Spechte zusammen, so kommt man wieder auf einen ganz normalen Wert, vergleichbar mit der Gesamtentwicklungsdauer anderer Vogelarten ähnlicher Größe.[94]

Nach einer Brutzeit von rund zwei Wochen schlüpfen die Jungen in einem Abstand von maximal ein bis zwei Tagen. Schlüssel zur Freiheit ist der markante Eizahn auf Ober- und Unterschnabelspitze. Derjenige des Oberschnabels ist dabei erheblich kürzer. Unter Einsatz eines besonders ausgeprägten Nackenmuskels durchbrechen die Küken ihre Schutzhülle, die Eischale. Der Nackenmuskel wird bald nach dem Schlüpfen zurückgebildet und auch der Eizahn verliert sich rasch.[2,42]

Fütterung frisch geschlüpfter Schwarzspechtküken durch das Weibchen. Durch Antippen mit dem Schnabel löst es den Bettelreflex aus. Der spitze Schnabel wird tief in den Schlund des Jungvogels gesteckt.

Von Sitzwarzen und Wärmepyramiden

Die Jungen kommen nackt, ohne jeglichen Flaum auf die Welt. Ihre Haut ist samtweich und rosa, sie sind blind und die Ohröffnungen noch verschlossen. Um sich auf dem ungepolsterten Höhlenboden nicht die Fersen wund zu scheuern, haben sie an dieser Stelle besondere Sitzwarzen ausgebildet, die später wieder verschwinden.[30a] Vor Wärmeverlusten schützen sich die kleinen Spechte durch eine energiesparende »Wärmepyramide«.[30a] Eng aneinander geschmiegt stapeln sie die Köpfe förmlich aufeinander. Zusätzlich werden sie von den Altvögeln über eine Woche lang rund um die Uhr gehudert, also im Bauchgefieder gewärmt. In Verbindung mit enorm eiweißreicher Nahrung nehmen die Jungvögel so erstaunlich rasch an Gewicht zu. Wiegen kleine Schwarzspechte beim Schlupf etwa neun Gramm, hat sich nach nur fünf Tagen ihr Gewicht bereits verzehnfacht.[30a] Erst im Alter von einer Woche beginnen Schwung- und Schwanzfedern zu wachsen. Ein Wärme isolierendes Daunengefieder, wie wir es von anderen Nesthockern kennen, entwickeln Spechtküken jedoch nicht. Dies gleichen die Jungen durch rasches Wachstum und einen hohen Körperfettanteil aus.

Füttern im Dunkel der Höhle

Die motorischen Fähigkeiten der Spechtküken entwickeln sich innerhalb kurzer Zeit enorm weiter. Können die Jungen anfangs ihren Kopf nur kurz und unter größter Anstrengung heben, so beginnen sie im Alter von zehn Tagen bereits, Fangzunge und Meißelschnabel an der Höhlenwand auszuprobieren. Um mit den Jungen beim Füttern Kontakt aufzunehmen, berühren die Altvögel deren Tastwulst an der Schnabelbasis. Auch im schummrigen Licht der Höhle sind die milchig weißen Anschwellungen für die Eltern erkennbar. Einen lebhaft gefärbten Rachen, wie die Singvögeljungen, haben die Jungspechte daher nicht.[30a]

Bei der leisesten Berührung des Wulsts schnellen die Jungen ihren Kopf nach oben, der Schnabel springt förmlich auf und erfasst die elterliche Schnabelspitze. Dabei sind kleine Spechte in der Lage, ihre Mundspalte extrem weit zu öffnen, was das Füttern enorm erleichtert und beschleunigt. Diese Fütterungsform findet man z. B. auch beim Mauersegler und verschiedenen Rackenvögeln wie Eisvogel oder Blauracke.[30a]

Grün-, Grau- und Schwarzspecht versenken ihren Schnabel regelrecht im Schlund der Jungen, um dann das Futter rhythmisch hervorzuwürgen und es den Jungen einzutrichten. Dieses Verhalten ist typisch für unsere größeren Spechte, die ihre Brut hauptsächlich mit Ameisen großziehen. Vor allem Grau- und Grünspecht sammeln bevorzugt die besonders nahrhaften Puppen. Auf rund 1,5 Mio. Ameisen wird der Bedarf einer Grünspechtbrut geschätzt.[21] Daher verwundert es nicht, dass sowohl Grünspechte als auch ihre Höhlen intensiv nach Ameisensäure riechen.

Schwarzspechte können je nach Verfügbarkeit der einzelnen Beutetiere ihre Brut aber auch mit einem hohen Anteil an Käferlarven aufziehen. Die »Zwischenlagerung« im Kropf ermöglicht Erdspechten und dem Schwarzspecht relativ große Aktionsradien bei der Futtersuche. Bei jeder Fütterung wird der Kropfinhalt auf alle Jungen verteilt. Der ganze Fütterungsvorgang wird mit zunehmendem Alter der Jungen immer turbulenter und von Bettelrufen, Kopfstößen und Schnabelschlagen begleitet.

Die Jungen legen ihren Kot in kleinen Ballen ab. In der frühen Nestlingsphase verschlucken die Altvögel diese Ballen, später werden sie, meist mit etwas Spänen vermischt, abtransportiert. Nach etwa zwei Wochen Nestlingszeit werden die Jungen von außen gefüttert. Zuerst beugen sich die Altvögel noch weit in den Höhleneingang. Später warten die Jungvögel bereits dort und betteln lautstark nach Futter. In den Fütterpausen lassen Spechtnestlinge permanent ein eigentümliches Wispern hören. Verstummt der eine, beginnt der nächste.

Hunger macht flügge

In den letzten Tagen vor dem Ausfliegen verlängern die Eltern die Fütterungsintervalle und versuchen so die Jungen aus der Höhle zu locken. Jetzt fliegen sie benachbarte Bäume an und nehmen Rufkontakt zu den Jungvögeln auf, die mit Bettelrufen, aber auch mit Kjack-Rufen antworten. Die Jungen sind in dieser Phase immer hungrig und werden deshalb zunehmend aggressiver. Sie hacken mit den Schnäbeln sowohl nach ihren Geschwistern, als auch nach den Altvögeln. Deshalb halten die Altvögel bei der Fütterung einen möglichst weiten Abstand zu den Jungvögeln. Es kommt zur sogenannten Distanzfütterung. Die Nestlingsdauer ist bei den Spechten trotz der erheblichen Größenunterschiede erstaunlich ähnlich. Rund drei Wochen halten sich die Jungspechte im Schutz ihrer Baumhöhle auf. Dann vermindern die Altvögel die Futterzufuhr. Dadurch verlieren die Jungen an Gewicht und werden flugfähiger. Zudem stärkt der ständige Hunger ihre Bereitschaft, die Höhle zu verlassen.

Hat einmal ein Jungspecht den Anfang gemacht und ist ausgeflogen, so folgen seine Geschwister meist innerhalb weniger Stunden. Die Jungspechte können vergleichsweise gut fliegen und landen meist zielsicher an einem Baumstamm. Ein Altvogel führt die ausgeflogenen Jungen rasch vom Höhlenbereich fort, während der andere

Altvogel die verbliebenen Jungen noch sporadisch füttert. Zu diesem Zeitpunkt beginnt die Jugendmauser. Jetzt werden die Handschwingen komplett erneuert, während die Armschwingen des Nestkleides erhalten bleiben.[5] Auch die Schwanzfedern unterscheiden sich im Jugendkleid: Sie sind

Die Küken wachsen schnell heran.
links: im Alter von 4 Tagen.
rechts: im Alter von 13 Tagen.
unten: im Alter von 21 Tagen.

linke Seite: Ein Schwarzspechtmännchen füttert die fast flüggen Jungen.

mitte oben: Zum Ende der Nestlingszeit wird nur sporadisch gefüttert. In dieser Zeit halten sich die Altvögel oft in der Nähe auf, um ausfliegende Jungvögel möglichst schnell vom Brutrevier wegzuführen.

mitte unten: Durch die Bettellaute der Jungspechte werden manchmal auch Buntspechte angelockt.

rechts: Eine einzeln stehende Kiefer mit deutlich erkennbaren Stammverletzungen ist der Brutbaum.

deutlich schmaler und spitzer, fast wie ein Spieß geformt.[5]
Spechtbruten in vergleichbarer Höhenlage starten fast zur gleichen Zeit. Der Vorteil dieser Synchronisation ist, dass alle Jungspechte gemeinsam ausfliegen und Fressfeinde nur wenige Tage ein leichtes Spiel haben, bis sie gewandte Flieger sind. Spätere Bruten deuten auf ein Nachgelege hin, die erste Brut ist also verloren gegangen. Wie lange die Jungspechte anschließend noch von den Eltern geführt werden, hängt vom arttypischen Nahrungserwerb ab.

Spechtschule

Sucht die Art eher oberflächennah nach Insekten, ist die Lernphase kürzer. Bei allen Buntspechten dauert sie rund zehn bis vierzehn Tage. Beim Schwarzspecht, der die Nahrung unter der Rinde oder sogar tief im Holzkörper erbeutet, dauert die Führungsperiode dagegen rund fünf Wochen.[8] Der Grünspecht liegt mit drei bis vier Wochen eher dazwischen. Den Rekord hält aber der Dreizehenspecht mit bis zu zwei Monaten.
Jeder Altvogel betreut einen Teil der Jungen. Die Mitglieder einer solchen Gruppe halten über Rufreihen losen Kontakt. Jeder Jungvogel soll aber in dieser Übergangsphase möglichst viele eigene Erfahrungen sammeln und wird dabei nur noch sporadisch von dem jeweiligen Elternteil gefüttert. Gegen Ende der Führungsperiode verhalten sich die Altvögel nun ihrerseits zunehmend aggressi-

links: Kleinspechtmännchen im Anflug
an die Bruthöhle.
oben: ein fast flügger Kleinspecht
wartet auf Futter.

ver gegenüber ihrem Nachwuchs und versuchen,
ihn mit Schnabeldrohen und geschickten Flugma-
növern auf Distanz zu halten. Das ist das untrügli-
che Zeichen dafür, dass sich der Familienverband
bald auflöst. Die Geschwister können aber durchaus noch eine gewisse Zeit in der Nähe des elter-
lichen Reviers gemeinsam herumvagabundieren,
bis auch sie ihre eigenen Wege gehen. Noch Anfang September kann man solchen Trupps im Wald
begegnen.

Das richtige Timing

Die erfolgreichsten Paare besitzen nicht nur die
besten Reviere, was die Verfügbarkeit von Höhlen und Nahrung anbelangt, sondern schaffen es
auch, die Brutphase so zu legen, dass anschließend
in der sensiblen, frühen Nestlingsphase hochwerti-
ges Futter in ausreichender Menge verfügbar und
zudem leicht erreichbar ist. Es zeigt sich, dass relativ früh brütende Paare im Durchschnitt mehr
Junge aufziehen.[94] Dies könnte damit zusammen-

hängen, dass erfahrene, gut eingespielte Paare nur eine verhältnismäßig kurze Balzzeit für die Gewöhnung aneinander benötigen.

Spätere Gelege sind dagegen kleiner und weniger erfolgreich.[59,94] Zudem verlängert sich die Nestlingszeit durch das schlechtere Nahrungsangebot. Bei frühen Bruten nehmen vor allem fette, eiweißreiche Raupen einen großen Teil der Nahrung ein. Wenn sich diese verpuppt haben und nur noch mühsam zu erbeuten sind, müssen die Spechte auf minierende und Holz bewohnende Larven ausweichen. Das ist erheblich zeitaufwendiger und anstrengender. Dennoch sinkt nicht die Häufigkeit, mit der gefüttert wird, sondern die verfütterte Menge. Da aber die Jungvögel ein Mindestgewicht erreichen müssen, um ausfliegen zu können, dauert es entsprechend länger, bis sie flügge werden.

Altersgerechte Nahrung

Da alle Buntspechte die Nahrung für ihre Jungen wie Meisen im Schnabel zur Bruthöhle bringen, ist die Menge pro Fütterung im Vergleich zu

oben: Ein Buntspecht wirft einen verendeten Jungvogel aus der Höhle.
rechts: Kleinspechtmännchen füttert Junges.

oben: Mittelspecht füttert fast flügges Junge.
links: Mittelspecht verläßt mit Kotballen im Schnabel die Bruthöhle.

den größeren Spechtarten verhältnismäßig gering. Deswegen gehen sie bevorzugt in der Nähe der Bruthöhle auf Nahrungssuche. In den ersten Tagen bekommen die Jungspechte entsprechend ihrer Größe kleine Beutetiere wie etwa Blattläuse gefüttert. Weil die Küken schnell an Größe zunehmen, können sie bereits nach wenigen Tagen auch größere Beutetiere wie Schnaken oder Schmetterlinge aufnehmen. Besonders sperrige

Futterteile werden zuvor noch kükengerecht zerteilt. Wenig nahrhafte und zugleich sperrige Körperteile wie Schmetterlingsflügel werden vor der Fütterung vom Altvogel abgetrennt. Zur Halbzeit der Nestlingsphase füttern Buntspechte am häufigsten: etwa alle vier bis acht Minuten, täglich bis zu 250 Mal.[7] Durch die häufigen Anflüge bleibt kein Feind, aber auch kein ungetarnter Beobachter lange unentdeckt. Mit lautem Gezeter versu-

Distanzfütterung beim Buntspecht
zum Ende der Nestlingszeit.

Gerade ausgeflogener Buntspecht.

chen die Spechteltern dann, den Eindringling von der Bruthöhle abzulenken.

Immer auf der Hut

Dass gerade für Mittel- und Kleinspecht geringe Aktionsradien während der Jungenaufzucht ermittelt wurden, dürfte u. a. der Tatsache geschuldet sein, dass die Bruten dieser beiden Spechtarten ständig der Gefahr ausgesetzt sind, vom Buntspecht erbeutet zu werden. [53, 59] Sind die Eltern permanent in Nestnähe, können sie bei Gefahr rasch reagieren und ihre Brut gemeinsam verteidigen. Dabei legen gerade Kleinspechtpaare einen erstaunlichen Mut an den Tag und versuchen durch aufgeregtes Schimpfen und gewagte Angriffsflüge, den Nesträuber in die Flucht zu schlagen. Doch selbst wenn die Jungen endlich ausgeflogen

sind, ist die Zeit der Gefahren nicht vorüber. Die unerfahrenen Jungvögel sind leichte Beute für Habicht und Sperber, wie regelmäßig gefundene Rupfungen zu dieser Jahreszeit deutlich zeigen. Auch an Straßen findet man bis zum Spätsommer häufig überfahrene Spechte, bei denen es sich meist um Jungvögel handelt. Besonders am Ortsrand lebende Grünspechte werden relativ oft zu Verkehrsopfern oder sterben bei Kollisionen mit Fensterscheiben. Haben sie aber erst einmal das erste Jahr gemeistert, sind ihre Chancen älter zu werden gut. Bei einzelnen Spechten konnte ein Alter von bis zu zwölf Jahren nachgewiesen werden.

Spechte als Haustiere?

Viele grundlegende Informationen über die Brutbiologie unserer Spechte stammen von Oskar

und Magdalena Heinroth. Sie zogen Anfang des 20. Jahrhunderts fast alle in Mitteleuropa lebenden Vogelarten mit der Hand auf und studierten deren »Lebens- und Entwicklungsstufen, sowie deren Seelenleben«. Die von ihnen aufgezogenen Jungspechte wurden sehr zutraulich und suchten sie kletternd nach Futter ab. »Eine ihnen auffallende Hautstelle wird zunächst bezüngelt, dann zart mit dem Schnabel untersucht und plötzlich mit voller Wucht behackt. Schon der Kleine Buntspecht … kann recht schmerzhaft wirken, beim Großen hat jeder Schnabelhieb einen Blutstropfen zur Folge.« Weiter erzählen sie von einem Kleinspecht, der »auf dem Schlüssel eines Wandschrankes sitzend, sich in kurzer Zeit durch wuchtige Schnabelhiebe einen Eingang ins Schrankinnere verschaffte.«[30a] Aufgrund dieser Erfahrungen kommen sie schließlich zu dem Schluss, »dass Spechte für Wohnzimmer eine Unmöglichkeit darstellen …«

Wohnraum Spechthöhle –
begehrte Unterkünfte für Groß und Klein

Schwachstellen im Stamm

Nicht nur für Spechte sondern auch für viele andere Waldbewohner sind Baumhöhlen eine Schlüsselstruktur. Nach der Entstehungsgeschichte lassen sich zwei Grundtypen von Baumhöhlen unterscheiden: Faulhöhlen und Spechthöhlen. Faulhöhlen entstehen durch die Zersetzung von abgestorbenen Ästen oder nach anderen Verletzungen des Baumes wie Blitzschlag oder Astabbruch. Dabei müssen sich Stellen bilden, in denen sich zumindest zeitweise Wasser sammelt. Durch die Zersetzung verliert das Holz an Festigkeit und wird schließlich brüchig. In diesem Stadium kommt es zunehmend zu Wechselwirkungen zwischen Holz bewohnenden Insekten, Pilzen und Spechten.

Großhöhlen – selten und begehrt

Spechte hacken auf der Suche nach Nahrung tiefe Löcher in das morsche Holz, um an die Larven zu gelangen und beschleunigen dadurch den Holzabbau. Faulhöhlen sind in ihren Eigenschaften unterschiedlich. Wichtige Kriterien, ob sie sich als Unterkunft eignen, sind ihr Volumen, ihre Feuchte und die Größe der Öffnung.[36] Trockene Höhlen

links und rechts: Waldkäuze sind in der Regel zu groß für Schwarzspechthöhlen. Sie bewohnen oft alte Faulhöhlen – hier haben auch die Jungen ausreichend Platz.

mit großem Eingang werden gerne von größeren Waldbewohnern wie Wald- oder Habichtskauz, Baummarder, Waschbär oder Hohltaube besiedelt. In feuchten Höhlen mit permanent oder periodisch stehendem Wasser können Mikrogewässer *(Dendrotelmen oder Phytotelmen)* mit speziellen Lebensgemeinschaften entstehen. So ernähren sich die Larven von Schwebfliegen in solchen wassergefüllten Baumhöhlen von darin wachsenden Pilzen.

Einsiedler mit hohen Ansprüchen

Eine Käferart – der Eremit oder Juchtenkäfer – ist auf besonders große, feuchte, nicht zu nasse Mulmhöhlen angewiesen. In diesem Mulm gedeihen Pilze, von deren Myzel sich die Käferlarven ernähren. Etwa 50 Liter Mulm müssen in einer für den Eremiten geeigneten Höhle vorhanden sein. Solche Höhlen finden sich aber nur in Uraltbäumen, die es in Wirtschaftswäldern kaum noch gibt. Wegen seiner so speziellen Ansprüche ist der Eremit in Mitteleuropa eine wichtige Leitart für Laubwaldbestände mit langer Biotoptradition. Eine solche Mulmhöhle kann auch aus einer ehemaligen Spechthöhle entstanden sein, die sich im Laufe der

Einer unserer seltensten Waldkäferarten – der Eremit – ist auf große Mulmhöhlen in Eichen und Buchen angewiesen.

Der Gartenrotschwanz wurde früher Buchenrotschwanz genannt, weil er ursprünglich in lichten, sehr alten Buchenwäldern vorkommt. Gärten und Parks sind lediglich ein Sekundärlebensraum von ihm.

Der Eingang einer Buntspechthöhle. Deutlich ist der Pilzbefall an dieser Stelle zu erkennen. Ein Hinweis, dass das Holz im Inneren bereits in Zersetzung begriffen ist.

Zeit durch fortschreitende Zersetzung immer weiter vergrößerte. So fliegen paarungsbereite Eremiten auf der Suche nach Partner und Mulm gezielt die dunklen Eingänge der Spechthöhlen an.

Pilze – willkommene Spechthelfer

Der umgekehrte Vorgang, der aus einer beginnenden Faulstelle eine Spechthöhle entstehen lässt, ist der häufigere. Spechte gehen den Weg des geringsten Widerstandes. Sie legen ihre Höhlen fast immer in morschen Stamm- oder Astbereichen an. Meist nutzen sie die Vorarbeit der Pilze. Gerade über abgestorbene Äste gelangen Weiß- und Braunfäulen in das Stamminnere: das Kern- oder

Reifholz. Darauf sind zahlreiche Pilzarten spezialisiert. Während sie den Kern langsam zersetzen, bleibt der Wasser führende Splint unangetastet. So ist der Baum als Ganzes wie eine Röhre noch lange stabil. Als sichtbaren Hinweis auf die im Inneren stattfindende Zersetzung entdeckt man über dem Schlupfloch oftmals die Pilzkonsolen vom Feuerschwamm.

Da Höhlen als Raumstruktur so bedeutend sind, stellt sich die Frage wie sich deren Anzahl auf die Biodiversität auswirkt. So fand man heraus, dass sich ab einer Zahl von fünf Höhlen je Hektar die Zahl der Höhlenbrüter verdoppelt.[39] Ab acht Höhlen je Hektar gelten Wälder als optimale Fledermausquartiere. Ein Zuviel an Höhlen gibt es aus ökologischer Sicht nicht. Grundsätzlich gilt: die

Funktion oder gar die Lebensgemeinschaft einer Höhle wechselt im Laufe der Jahre, ihre Bedeutung bleibt – von der Entstehung bis zum Zerfall.[96]

Auch schadhafte Höhlen finden Abnehmer

Unsere drei größeren Spechtarten bevorzugen eindeutig noch lebende Bäume, wogegen Klein-, Dreizehen- und Weißrückenspecht meist abgestorbene Stämme zur Höhlenanlage nutzen.[83] Diese sind wenig dauerhaft, weil viele der Baumstümpfe – besonders wenn sie von Weichlaubhölzern wie Aspe oder Birke stammen – nach wenigen Jahren bereits so stark durch Pilze zersetzt sind, dass sie zusammenbrechen. Zudem werden diese Höhlenbäume von Käferlarven besiedelt und folglich auch von Spechten auf der Suche nach Nahrung bearbeitet.

Viele Bruthöhlen werden so stark beschädigt, dass sie für Höhlenbrüter wie etwa Meisen unbrauchbar sind. Halb aufgehackte Höhlen sind aber immer noch wichtige Brutmöglichkeiten für Halbhöhlenbrüter wie Trauer- und Zwergschnäpper sowie Gartenrotschwänze. Auch der Zaunkönig benutzt gelegentlich solche Halbhöhlen zur Anlage seines Kugelnestes. Hornissen sind ebenfalls in der Lage, Halbhöhlen für die Anlage ihres Nestes zu nutzen, indem sie die fehlende Vorderwand durch eigene Bautätigkeit wieder schließen.

Höhlenkämpfe

Die Höhlen des Kleinspechts werden gerne von Feldsperlingen genutzt, wenngleich diese nur in ortsnahen Obst- oder Parkanlagen zusammen mit ihm vorkommen. Wo dies der Fall ist, sind sie dominierende Höhlenkonkurrenten und können den Kleinspecht sogar zur Aufgabe des Brutreviers bringen. Dass sich an Spechthöhlen regelrechte Dramen abspielen können, zeigt folgende Schilderung aus Finnland: »Am 25. Mai gewahrte ich beim Kleinspecht XII, als die Spechte ihr Nest beinahe vollendet hatten, dass besonders ein Trauerfliegenschnäppermännchen hin und wieder kam, um die Höhle zu inspizieren. Manchmal brachte er auch das Weibchen mit. Wenn der Kleinspecht bei Eintreffen der ungebetenen Gäste zugegen war, versuchte er, dieselben fortzujagen. Am Ende des Monats hatte das Kleinspechtweibchen 5 Eier in das Nest gelegt; aber am 10. Juni … hatte der Fliegenschnäpper sein Nest in der Höhle aufgeschlagen. Ende August konstatierte ich, dass das Kleinspechtmännchen angefangen hatte, dieselbe

Höhlenbäume haben eine jahrzehntelange Geschichte und bieten im Laufe ihres Zerfalls den unterschiedlichsten Tierarten Nahrung und Unterschlupf.

Der winzige Sperlingskauz benutzt die Höhlen des Bunt-spechtes als Bruthöhle und Nahrungsdepot. Im Gebirge und in den nordischen Wäldern nutzt er die Höhlen des Dreizehenspechtes.

Stare sind häufige Nutzer von Buntspechthöhlen.

Der Mauersegler kann nur in sehr alten, weiter ausgefaulten Höhlen des Buntspechtes brüten.

Höhle als Übernachtungshöhle zu benutzen, und fand ihn mehrmals in dieser Höhle. Am Morgen des 3. November nahm ich wahr, dass die Höhle vergrößert war und dass ein Buntspecht, der die Nacht darin verbracht hatte, davonflog. Der Aufenthalt des Buntspechtes in der annektierten Übernachtungsstelle war nicht von langer Dauer, denn am 1. Dezember, als ich wieder dort vorbeikam, hatte ein Sperlingskauz sie als Vorratskammer übernommen und vier Feldmäuse, zwei Waldwühlmäuse, eine Waldspitzmaus und eine Nordische Sumpfspitzmaus darin aufgespeichert.«[8]

Die Nachmieter des Buntspechts

Der Buntspecht ist die häufigste Spechtart in weiten Teilen Europas. Folglich entstehen die meisten Höhlen durch seine Bauaktivität.[45] Nur dort wo Bäume so alt werden, dass Buntspechthöhlen in großen Ästen hoch oben in der Krone noch über Jahrzehnte altern und ausfaulen können, brütet der Mauersegler. Er braucht wegen seiner langen

Flügel Nistplätze, die das mehrfache Volumen der ursprünglichen Spechthöhle erreichen, aber als Schutz vor Feinden doch nur ein kleines Schlupfloch haben.[26] Dies sind die ursprünglichen Brutplätze des Mauerseglers, einer Vogelart, die erst durch das Verschwinden dieser Struktur zum Kulturfolger wurde. Heute bringt man die Art kaum mehr mit Wald in Verbindung. Es gibt nur noch wenige Wälder in Mitteleuropa mit Uraltbäumen, die diese Voraussetzungen bieten und in denen auch heute noch Mauersegler ihre Jungen großziehen.[99] Nicht selten dürften gerade aus solchen, jahrzehntelang von Mauerseglern genutzten Höhlen, die eingangs beschriebenen großvolumigen, Wärme begünstigten Mulmhöhlen für den Eremiten hervorgehen.

Ein raffinierter Räuber

Ein regelmäßiger Nachnutzer von Buntspechthöhlen ist der Star,[25] vor allem dann, wenn sich die Höhlen unweit offener Kulturlandschaft befinden.

Stare sind anspruchslos, was den Höhlenzustand betrifft, da sie mit eingetragenem Nistmaterial bestehende Mängel gut ausgleichen können. Zum anderen können Stare dank ihrer Größe und ihres Aggressionsverhaltens Buntspechte, die ihre Brut rauben wollen, regelmäßig in die Flucht schlagen. In manchen Gebieten fügt der Buntspecht jedoch bestimmten Arten von Höhlenbrütern große Verluste zu.

So zeigte eine Studie im polnischen Bialowieza-Nationalpark, dass Buntspechte bis zu 40 % der Bruten des Halsbandfliegenschnäppers plünderten.[84] Auffällig oft wurden die Bruten im Nestlingsstadium erbeutet. Beim Nestraub durch Marder oder Mäuse traten die Verluste gleichmäßig über die gesamte Brut- und Nestlingsphase auf. Es drängt sich daher die Frage auf, ob Buntspechte gar gezielt den Zeitpunkt der »Nutzung« der Fliegenschnäppernester so legen, dass die Ausbeute möglichst hoch ist oder ob die zum Ende der Nestlingsphase immer lauter werdenden Bettellaute und die häufigeren Anflüge der Altvögel die Neststandorte zunehmend verraten.

Kohlmeisen brüten ungern in Buntspechthöhlen, da dort das Gelege bzw. die Brut von Höhlenräubern wie dem Buntspecht oder dem Baummarder einfach geplündert werden kann. Beim Fehlen von besser geschützten Höhlen mit kleineren Eingängen, greifen sie jedoch auch auf diese Höhlen zurück.

Schlaue Meisen

Die verschiedenen Meisenarten vermeiden es wegen dieses drohenden »Aderlasses«, wann immer möglich, in den Höhlen des Buntspechtes zu brüten. Sie bevorzugen als Gegenmaßnahme besonders kleine Spalten und Nischen, die sich oftmals auch in geringer Höhe am Stammanlauf befinden. Dies wird auch durch eine Langzeitstudie über die Höhlenbrütergemeinschaften an den ungenutzten Steilhängen des im Ostharz gelegenen Naturschutzgebietes Bode- und Selketal bestätigt.[26] In den dortigen ursprünglichen Eichen- und Buchenwäldern existieren zahlreiche Nischen und unauffällige Faulhöhlen. Dort nisteten nur rund 8 % der Meisen in Buntspechthöhlen. Stare, die sich auch gegen Buntspechte behaupten können, waren dagegen regelmäßige Nachmieter in dessen Höhlen. Im regulär bewirtschafteten Lehrwald der Hochschule Weihenstephan mit nahezu gleicher Baumartenzusammensetzung und ähnlichem Alter, brüteten dagegen 20 % der Meisen in den risikoreicheren Buntspechtquartieren – wohl aus Mangel an Alternativen. Verkleinert man den Eingang von Buntspechthöhlen, indem man eine Platte mit einem kleineren Einflugloch davor schraubt, so werden die Höhlen deutlich öfter von Meisen angenommen.[43]

Findige Kleiber

Der Kleiber kann als einzige Vogelart sogar aktiv den Höhleneingang auf eine ihm gerade ausreichende Größe verkleinern. Dazu fliegt das Weibchen tagelang zu einer Pfütze oder Wildschwein-

Eichhörnchen findet man vor allem im Frühjahr zur Zeit der Jungenaufzucht in den Höhlen.

Wenn der Kleiber die geräumigen Höhlen des Schwarzspechts nutzt, mauert er den Eingang auf seine Größe

zu. Dadurch schützt er seine Brut vor Überfällen des Buntspechts oder des Baummarders.

suhle, nimmt dort einen Schnabel voll feuchter Erde auf und kehrt damit zu seiner zukünftigen Bruthöhle zurück. Dann mauert es mit den Klümpchen eine dicke Wand, in der es einen engen Einschlupf für sich ausspart. Durch diese außergewöhnliche Fähigkeit kann der Kleiber die geräumigen Schwarzspechthöhlen nutzen. Dazu bedarf es aber auch an großer Durchsetzungskraft, an der es dem Kleiber ja nicht mangelt, wie man unschwer auch an Winterfütterungen beobachten kann. Dort besetzt er die Futterquelle und lässt keine anderen Besucher zum Zuge kommen. Während der Fotoarbeiten zum obigen Bild schlug der Kleiber sogar ein Schwarzspechtmännchen, das dieselbe Höhle als Bruthöhle auserkoren hatte, mittels zielgerichteter Sturzflüge auf dessen Kopf in die Flucht.

Zweitnutzung

Schwarzspechthöhlen sind bei einer ganzen Reihe weiterer Tierarten äußerst begehrte Unterkünfte. Zu den größten gefiederten Nutzern dieser Höhlen gehören Raufußkauz und Waldkauz. Letzterer hat jedoch oft große Mühe, sich durch das für seine Verhältnisse enge Schlupfloch zu zwängen. Die Hohltaube ist zumindest in bewirtschafteten Wäldern mit wenig vorhandenen Naturhöhlen fast ausschließlich auf die Höhlen des Schwarzspechtes angewiesen.

Sie kann auch undicht gewordene oder stark ausgefaulte Höhlen gut nutzen, weil sie im Inneren ein Reisignest baut. Hohltauben fliegen die Höhleneingänge in rasantem Tempo an und schrauben

sich förmlich mittels einer ausgefeilten Flugtechnik in Sekundenbruchteilen in den Eingang. Damit versuchen sie, Angriffen durch den Habicht zu entgehen, der diese Bruthöhlen in seinem Revier kennt und des Öfteren von einer nahen Ansitzwarte aus versucht, eine unvorsichtige Taube zu erbeuten. Die Anzahl von Schwarzspechthöhlen ist für den Hohltaubenbestand eines Gebietes ein begrenzender Faktor.[6, 93]

Vor allem im Wirtschaftswald kommen die Großhöhlen des Schwarzspechts in Höhlenzentren konzentriert vor. Die Häufung lässt sich oftmals

rechte Seite: Der Rauhfußkauz nutzt die Schwarzspechthöhlen als Schlafplatz, Nahrungsdepot und für die Brut.

Häufige Nachbesiedler von Höhlen des Schwarzspechts:

oben links: Hohltauben sind häufige und sehr produktive Nutzer von Schwarzspechthöhlen.

oben rechts: Haselmäuse sind wie ihr großer Verwandter – der Siebenschläfer – anzutreffen.

unten: Eine Zwergfledermaus schaut aus einem Höhleneingang.

rechte Seite: Hornissenarbeiterinnen verteidigen den Nesteingang und kontrollieren jeden Neuankömmling auf Nestzugehörigkeit.

durch standörtliche Gegebenheiten erklären, da man allgemein Spechtbäume auffallend oft an Rinnen, Bächen oder sogenannten staunassen Verebnungen finden kann.[96] Durch die gute Wasserversorgung sind an solchen Standorten die Holzzellen überdurchschnittlich groß, was zu einem früheren Pilzbefall des Holzes führen kann. Mit zunehmendem Baumalter verliert sich diese Tendenz aber, weil dann bei immer mehr Bäumen unabhängig vom Standort der Pilzbefall im Stamm einsetzt.

In solchen Höhlenzentren brüten Hohltauben in lockeren Kolonien und können mittels sogenannter Schachtelbruten bis in den Herbst hinein relativ viele Junge großziehen. Dabei beginnt das Weibchen schon wieder zu brüten, obwohl die Jungen der vorherigen Brut noch gar nicht ausgeflogen sind. Deren Betreuung übernimmt das Männchen dann bis zum Ausfliegen alleine. Auf diese Weise kann ein Paar innerhalb einer Brutsaison mehr als zehn Junge großziehen.

Auch Dohlen bevorzugen Höhlenzentren des Schwarzspechts für die Gründung von Brutkolonien, wenn mehrere Höhlenbäume auf engem Raum vorhanden sind.

Eine Fülle von Nachmietern

Im Osten Deutschlands führt die Kernfäule der Kiefer (Phellinus pini) dazu, dass Schwarzspechte leichter und mehr Höhlen anlegen. Erst durch diesen Höhlenreichtum konnte die Baum brütende

Schellente die Oberpfälzer Weiher besiedeln und sich von ihrem nordeuropäischen Verbreitungsschwerpunkt immer weiter nach Süden ausbreiten. In Skandinavien nutzen auch Zwerg- und Mittelsäger regelmäßig die Höhlen des Schwarzspechtes als Brutplatz. Diese Abhängigkeit deutet sich auch an, wenn man die Zahl der Schwarzspechtbrutpaare mit der Zahl der Brutpaare wichtiger Nachnutzer vergleicht. So ergibt sich für ganz Deutschland ein geschätzter Bestand des Schwarzspechtes von 50 000 Brutpaaren, dem stehen 66 000 Brutpaare von Schellente, Hohltaube und Raufußkauz gegenüber.[27]

Ebenso wurden 13 verschiedene Fledermausarten sowie Eichhörnchen, Baummarder, Siebenschläfer und Haselmaus als Bewohner der Großraumhöhlen festgestellt. Die auffälligsten Insekten in diesen Höhlen sind Hornisse und Honigbiene, die dort ihre voluminösen Nester bauen. Selbst unter optimalen Bedingungen gibt es kaum mehr als sieben Höhlenbäume mit Schwarzspechthöhlen je Kilometer,[2] meist sind es lediglich zwei bis vier Höhlen. Dies zusammen mit der Tatsache, dass bisher schon 56 Tierarten als Nutzer von Schwarzspechthöhlen erfasst wurden, unterstreicht die enorme Bedeutung dieser Requisiten im Ökosystem Wald.[28]

Die Bedeutung der Spechte im Ökosystem Wald

Spechte als Schlüsselarten

Die Ökosystemforschung ist ein noch relativ junger interdisziplinärer Wissenschaftszweig, während man über einzelne Tierarten schon seit mehreren Jahrhunderten Daten sammelt. So hatte etwa das Solling-Projekt die Aufgabe, Licht in das Ökosystem Wald zu bringen. Dabei wurden Energieströme und Biomasseanteile quantifiziert und in Beziehung zueinander gesetzt. Bei diesem interdisziplinären Ansatz kam man zu überraschenden Ergebnissen. So erkannte man, dass keineswegs die für Laien so populären Waldbewohner wie Hirsch oder Wildschwein den größten Anteil an der tierischen Biomasse stellen (lediglich ca. 600 g/ha), sondern kleine Pflanzenfresser wie Mäuse (bis zu 4 600 g/ha) einen wesentlich höheren Anteil haben. Doch auch dieser ist im Vergleich zu den Regenwürmern (bis zu 4 000 000 g/ha) und noch viel kleineren Organismen im Boden verschwindend gering. 99,9 % der Biomasse entfällt auf pflanzliches Material. Lediglich 0,1 % der Biomasse stellen die Tiere, davon entfällt nur ein winziger Bruchteil auf die Wirbeltiere wie Vögel oder Säuger.[78a] Betrachtet man dann noch, welchen verschwindend geringen Anteil Spechte dabei haben, könnte man

Mitte: Ein Schwarzspechtmännchen räumt das Nest einer Haselmaus aus seiner neugewählten Schlafhöhle.

rechts oben: Ein weiblicher Grauspecht hat Ränder seiner Schlafhöhle vergrößert und das Überwallungsgewebe entfernt.

rechts unten: Ein Schwarzspecht hat die Reste eines Bienennestes aus der Höhle geworfen.

Ein Baumläufer verbringt die Winternacht im Hackstollen eines Schwarzspechtes.

zum Schluss kommen, dass diese keine wesentliche Bedeutung im Wald haben.

Diese anthropozentrische Betrachtungsweise wird allerdings der tatsächlichen Bedeutung der Spechte nicht gerecht. So weist die hohe Zahl der Folgenutzer von Spechthöhlen bereits auf deren besondere Schlüsselfunktion im Lebensraum Wald hin. Ihre Höhlen haben besonders in unseren Wirtschaftswäldern eine hohe Bedeutung, weil hier faule und beschädigte Bäume in jüngeren Beständen bevorzugt entnommen werden und es so zu einem Mangel an Faulhöhlen kommt.

Höhlenpflege inklusive

Spechte halten einen Teil der von ihnen angelegten Höhlen aktiv in einem bewohnbaren Zustand. Wenn sie eine alte Höhle abermals beziehen, sei

es als Schlaf- oder Bruthöhle, räumen sie diese von Nestresten frei. Gerade Hohltauben, Haselmäuse oder Siebenschläfer tragen umfangreiches Nestmaterial ein. Würde die Höhle nicht hin und wieder von diesen Resten geräumt, wäre sie bereits nach wenigen Brutperioden für viele Höhlenbrüter nicht mehr geeignet. Legen Spechte ihre Höhlen in lebenden Bäumen an, versucht der Baum den Höhleneingang durch die Bildung von Wundgewebe zu schließen. Selbst die großen Eingänge von Schwarzspechthöhlen können so besonders bei der reaktionsstarken Buche innerhalb weniger Jahre wieder geschlossen werden. Bei Nadelhölzern läuft der Prozess noch schneller ab, da sie länger im Jahr wachsen. Dass dies aber bei vielen Höhlen doch nicht stattfindet, ist ebenfalls den Spechten zu verdanken.

Sie bearbeiten im Herbst und Frühjahr die Höhleneingänge, indem sie das im Laufe des Sommers

vom Baum gebildete Wundgewebe wieder entfernen. Dies scheint zugleich eine Art Inbesitznahme-Verhalten zu sein, da vor allem im Herbst beim Neubezug von Schlafhöhlen Eingänge bearbeitet werden, obwohl deren Durchmesser für den Specht noch ausreichend wäre. So bleiben die Höhlen für sie selbst und für größere Folgenutzer wie Hohltaube, Dohle oder gar Schellente über lange Zeiträume nutzbar.

Allgegenwärtige Spuren

Den Hackspuren von Bunt- und Schwarzspecht begegnet man selbst in Nadelholzforsten nahezu auf Schritt und Tritt. Selbst dichte Jungbestände werden regelmäßig genutzt. Besonders auffällig sind die stollenförmigen Hackspuren am Fuß rotfauler Fichten, aber auch in morsches Laubholz werden tiefe Löcher auf der Suche nach Käferlarven gehackt. Durch diese Hacktätigkeit wird die Zersetzung des Holzes durch Pilze beschleunigt. Es wird vermutet, dass Spechte an ihrem Schnabel anhaftende Pilzsporen verbreiten. Zudem entstehen wichtige Kleinstrukturen, die wiederum von anderen Tierarten gebraucht werden. In den durch die Hacktätigkeit des Schwarzspechtes entstandenen, windgeschützten Nischen übernachten besonders in kalten Winternächten verschiedene Singvogelarten, was man oft an kleinen Kothäufchen am Boden der Stollen erkennen kann. Halbhöhlen- und Nischenbrüter wie Zaunkönig oder Trauerschnäpper benutzen die Stollen ab und an auch zur Anlage ihres Nestes.

Raffinierte Tischgenossen

Singvögel profitieren manchmal von nahrungssuchenden Schwarz- und Buntspechten. Das ist der Fall, wenn Spechte im Sommer vom Borkenkäfer befallene Fichten aufspüren und deren Borke abstemmen, um an die darunter verborgenen Käfer zu gelangen. Die Spechte sind beim Abstemmen der Borke immer darauf bedacht, die Borkenplatten so dosiert abzulösen, dass diese noch ein wenig Verbindung zum Stamm haben. So sammeln sich die Beutetiere in dem entstandenen Spalt und müssen nur noch aufgelesen werden. Es passiert jedoch immer wieder, dass ganze Borkenplatten mit Beute zu Boden fallen. Die lernfähigen Kohlmeisen und Rotkehlchen folgen den Spechten von Baum zu Baum und warten auf ihre Chance. Sie lesen die aus Versehen zu Boden gefallene Beute auf. Kommensalismus (von lat. *commensalis* = Tischgenosse) heißt diese Beziehung bei der nur eine Art profitiert, die andere Art, in diesem Fall der Specht aber keinen Schaden hat.

Meisen zeigen auch ein bemerkenswertes Verhalten an vom Menschen versorgten Nussschmieden

oben: Ein Buntspechtmännchen bearbeitet an einer Schmiede eine Walnuss. Die Vertiefung ist durch einen abgestorbenen Ast entstanden. Nun versucht der Baum die Wunde zu überwallen. Falls die Öffnung für die Nuss zu klein ist, hackt sie der Buntspecht gezielt weiter auf.

unten: Eine Blaumeise bedient sich an der aufgehackten Nuss.

des Buntspechts. Wird der Buntspecht während der Schmiedetätigkeit gestört, nutzen sie sofort die Situation und fressen von der geöffneten Nuss. Besonders ergiebig hierfür sind Walnüsse, da aufgrund ihrer Größe häufig ein Anteil für die Meisen herausspringt. Als Beobachter hat man manchmal den Eindruck, dass einzelne Kohlmeisen ohne Anlass den »Luftfeind-Warnruf« von sich geben, um so den Buntspecht von der Futterquelle zu vertreiben. Inwieweit diese Verhaltensweise unter natürlichen Verhältnissen vorkommt, bleibt zu klären. Ein anderer »Mitnahmeeffekt« lässt sich an den Ringelstellen von Bunt-, Mittel- und Dreizehenspecht feststellen. Dort finden sich Ameisen, Fliegen und Kleinschmetterlinge ein, um ebenfalls den austretenden Zuckersaft aufzunehmen.

Spechte und Greifvögel

Spechte zählen zur potenziellen Beute von Sperber und Habicht, obwohl sie wegen ihrer relativ geringen Populationsdichte, auch in günstigen Lebensräumen, nur einen geringen Anteil stellen. Keine Spechtart gehört zu den zehn häufigsten Beutetieren der beiden Greifvogelarten. Besonders oft werden die unerfahrenen Jungvögel erbeutet, zumal zur Zeit ihres Flüggewerdens auch der Beutebedarf von Habichtbrutpaaren am größten ist. Damit stellen Spechte für Habicht und Sperber lediglich ein willkommenes Zubrot dar, das sie sich nicht entgehen lassen, wie die eine oder andere Rupfung belegt. Doch profitiert der Habicht auch indirekt von der Spechtaktivität.

Hierüber gibt ein Beispiel aus dem Steigerwald Aufschluss. Dort galt die Hohltaube noch vor 100 Jahren als »sehr häufig« und erreichte eine Dichte von rund einem Brutpaar je 10 Hektar.[93] Geht man davon aus, dass jedes Paar in einer Brutsaison bis zu vier Junge großzieht, wird deutlich, dass hier ein weiteres, attraktives Nahrungsangebot für den Habicht existierte. Eine hohe Anzahl von Spechthöhlen wirkt sich folglich auf das Beuteangebot der Waldgreifvögel positiv aus, da das Angebot an Höhlen für manche Arten ein limitierender Faktor ist. Diese Betrachtung kann durchaus auf weitere Arten wie den Star als häufigen Nutzer von Buntspechthöhlen ausgedehnt werden. Sind genügend Nisthöhlen vorhanden, erreichen Stare eine hohe Siedlungsdichte.

linke Seite: Ein Habichtweibchen auf Jagdflug im Winterwald.

oben und rechts: Der Habicht hat einen Buntspecht erbeutet und rupft ihn. Dabei hält der die Flügel ausgebreitet, um seine Beute vor den Blicken von Artgenossen oder anderen Greifvögeln zu verbergen.

Das wiederum erhöht das Nahrungsangebot für die Greifvögel und den Baummarder deutlich. Dass man Starenpopulationen durch gezieltes Anbieten von Nistkästen erhöhen kann, hat der Mensch schon vor vielen Jahrzehnten entdeckt. Die als »Starenmästle« bezeichneten Nistkästen dienten jedoch in der Vergangenheit nicht Vogelschutzzwecken, sondern der Erweiterung des Speiseplans. Die fetten Starenküken wurden vor dem Flüggewerden aus den Nestern geholt und landeten für den menschlichen Verzehr im Suppentopf.

Spechte schützen

Hermann Löns entführt in einer seiner Tierno-vellen den Leser in die Erinnerungswelt seines Helden, eines alten Försters, der sich dort seiner Lehrjahre entsinnt. Damals gab es auf den Kopf des vermeintlich waldschädlichen Schwarzspechts noch ein Schussgeld. Er aber hatte sich nie daran beteiligt. Er hatte Augen, die sich an allem Schö-nen freuten und »eine heilige Scheu hielt ihn ab, auf den stolzen Vogel Dampf zu machen« (in der Jägersprache heißt dies: zu schießen). Die dama-lige Einzelmeinung ist glücklicherweise heute All-gemeingut, wenngleich man in Norwegen noch Abschussgenehmigungen für Schwarzspechte er-teilt, wenn nachgewiesen wird, dass sie Schäden an Holzhäusern anrichten.[22]

Europaweit genießen sowohl die Spechte als auch ihre Höhlen gesetzlichen Schutz. Die Rechtslage ist kompliziert. Gleichzeitig handelt es sich um ein aktuelles Thema, das stark in die Diskussion über den Waldnaturschutz hineinstrahlt.

Specht im Recht

Alle Spechte sind durch die Vogelschutzrichtlinie »besonders geschützt«. Einige Spechtarten wie der Schwarz-, Grau- und Mittelspecht gelten sogar zu-sätzlich als »streng geschützt«. Bei diesen Arten ist das Strafmaß, falls man ihnen nachstellt oder

ihre Höhlen zerstört, deutlich höher. Es kann bei vorsätzlichem Handeln dann sogar ein Straftatbe-stand vorliegen. Auch unter den Folgenutzern der Spechthöhlen gibt es Arten, die »streng geschützt« sind, wie z. B. den Raufußkauz oder alle heimi-schen Fledermausarten. Da Baumhöhlen »Lebens- und Aufzuchtstätten« (§ 42 Bundesnaturschutzge-setz, Abs. I) von solch geschützten Arten sind, hat sie der Gesetzgeber ebenfalls unter Schutz gestellt. Für die Forstwirtschaft gelten aber auf Grund der so genannten »Landwirtschaftsklausel« Sonder-regelungen. Der Schutz der Spechthöhlen bezieht sich hier nicht auf den einzelnen Höhlenbaum, sondern auf die zu schützende Population dieser Höhlenbewohner. Um den Zustand einer lokalen Population einer »streng« geschützten Art nicht zu verschlechtern, müssen aber genügend Höhlen im engeren räumlichen Umfeld erhalten bleiben.

Zielkonflikte

Doch was nützt der rechtliche Schutz einer Art, wenn nicht ihr Lebensraum geschützt wird? Daher spielt der Waldnaturschutz für eine Vielzahl von

Ein bewirtschafteter Buchenwald mit wichtigen Urwald-requisiten: stehendem und liegendem Totholz sowie ein aufgeklappter Wurzelteller.

Eine Starkbuche wird gefällt.

Gesundes, starkes Buchenholz ist sehr begehrt.

Lebewesen die entscheidende Rolle. Rund 30 % der Landesfläche Deutschlands sind mit Wald bedeckt, wovon weit über 95 % bewirtschaftet werden. Will man also Bestände von Waldbewohnern mit großen Raumansprüchen erhalten oder gar erhöhen, muss der Wirtschaftswald und somit die Forstwirtschaft in die Schutzbemühungen einbezogen werden.

Waldnaturschutz als Verpflichtung

Im Wirtschaftswald werden die Bäume in der Regel nach der Hälfte ihrer natürlichen Altersspanne geerntet. In diesem Alter sind die Bäume noch äußerst vital und ihr Holz ist noch kaum von Pilzen oder Insekten besiedelt. Das ist ganz im Sinne der Forstleute, die einen hochwertigen Rohstoff anbieten wollen, wie ihn die holzverarbeitende Industrie braucht. Gesundes, astfreies Holz in stärkeren Durchmessern wird am besten bezahlt, und dementsprechend werden die Waldbestände durchforstet und gepflegt. Da dies mit Ausnahme von Waldreservaten und Nationalparks in den meisten Wäldern so geschieht, fehlen den Bewohnern alter,

totholzreicher Waldphasen auf großer Fläche die entsprechenden Lebensräume. Das ist der Grund, warum gerade sie in den Roten Listen bedrohter Arten so stark vertreten sind.

Bis vor wenigen Jahrzehnten war es üblich, sämtliches »schlechtes Holz«, d. h. beschädigte oder mit Pilzen befallene Bäume oder solche mit Höhlen bevorzugt zu fällen, um den »Wertträgern« Platz zu schaffen. Daher fehlen mit der Zeit Kleinstrukturen wie Totäste, Pilzkonsolen, Specht- und Mulmhöhlen. Eine Zeitlang versuchte man, diesen Mangel durch das Aufhängen künstlicher Höhlen zu kaschieren, um zumindest für die kleinen, »nützlichen« Singvögel Brutmöglichkeiten zu schaffen. Das Verschwinden anderer, nicht weniger wichtiger Strukturen nahm man allerdings nicht wahr, was dazu führte, dass rund 60 % der Totholzkäfer in der Roten Liste Deutschlands zu finden sind.[12]

Unter den Akteuren, die Verantwortung für den Wald haben, besteht grundsätzlich Übereinstimmung, dass sich die nachhaltige Bewirtschaftung eines Waldes auf all seine Funktionen erstrecken muss. Eine Waldfläche sollte also nicht nur dauerhaft eine bestimmte Menge Holz erzeugen, son-

dern auch nachhaltig Trinkwasser liefern, der Erholung der Bevölkerung dienen und die Existenz der im Wald lebenden Organismen sichern. Die größte Verpflichtung und Vorbildfunktion bezüglich des Waldnaturschutzes haben per Gesetz unsere Staats- und Kommunalwälder. Für sie muss die Erhaltung der natürlichen Vielfalt ein wichtiger Pfeiler im Kanon ihrer Aufgaben sein. Eine Verpflichtung, die nicht verhandelbar ist, weder durch die aktuelle Kassenlage noch durch die Einstellung der jeweils Verantwortlichen. Es gibt aber Strategien, den Waldnaturschutz in die Bewirtschaftung dauerhaft zu integrieren. Vor allem Totholz und Biotopbäume stehen dabei im Mittelpunkt der Bemühungen, da sie bei der »klassischen« Forstwirtschaft zu wenig berücksichtigt wurden und da der Verzicht auf deren Nutzung finanziell zu verkraften ist.[91]

Ein praktikables Verfahren, diesen Strukturen Raum zu geben und gleichzeitig die Gefahr, die von stehendem Totholz für Waldarbeiter ausgeht, zu minimieren, ist das »Rothenbucher Totholz- und Biotopbaumkonzept« aus dem bayerischen Spessart. Es gewährleistet, dass zehn ökologisch besonders wertvolle Biotopbäume (besonders dicke Bäume oder solche mit Höhlen, Horsten oder Faulstellen) und zehn Kubikmeter stärkeres Totholz (stehende und liegende Baumstämme mit einem Durchmesser von mehr als 50 cm) pro Hektar auf Dauer erhalten bleiben. Diese Biotopbäume werden gekennzeichnet, damit sie nicht versehentlich im Zuge regulärer Holznutzung gefällt werden.

Totholz – die überschätzte Gefahr?

Um die Gefahren für Waldarbeiter möglichst gering zu halten, gibt es eine klare Entscheidungshierarchie. Wenn ein Waldarbeiter in der Nähe von schwachem, ökologisch weniger bedeutendem Totholz arbeitet, entscheidet er selbst, ob er durch den Baum gefährdet wird. Wenn er zum Schluss kommt, dass die Arbeitssicherheit nicht gegeben ist, darf er diesen fällen. Bei mittlerem bis stärkerem Totholz müssen die Arbeiter bei potenzieller Gefahrenlage den zuständigen Revierförster hinzuziehen, der dann über das weitere Vorgehen entscheidet. Bäume mit besonders wertvollen Strukturen oder starken Dimensionen werden dagegen auf jeden Fall erhalten.

Dazu wird der ursprüngliche Arbeitsauftrag abgeändert oder ganz aufgehoben. Muss entlang von Wegen und Straßen ein gefährlicher Biotopbaum aus Gründen der Verkehrssicherungspflicht gefällt werden, bleibt der Baum als liegendes Totholz im Wald. Grundsätzlich werden aber die Gefahren, die von stehendem Totholz ausgehen, meist stark überschätzt. Bei einer Studie über Arbeitsunfälle im Staatswald zeigte sich, dass die häufigste Unfallursache schwere Stürze und herabfallende Äste bei der Fällung sind. Gerade bei der Fällung im Laub lassen sich abbrechende Äste spät erkennen. Schwere Unfälle mit Biotopbäumen gab es in Rothenbuch (Spessart) während der Erprobung des Konzepts in einer Zeitspanne von 15 Jahren keinen. Viel gefährlicher als stehende Biotopbäume sind oft schwächere Dürrlinge und herab stürzende, morsche Äste in der Krone des zu fällenden Baumes. Dass Naturschutz-Strategien im Wirtschaftswald innerhalb relativ kurzer Zeitspannen Erfolge aufweisen können, zeigt eine Vergleichsstudie, die die »Rothenbucher-Biotopbaum«-Flächen mit Waldbeständen des angrenzenden, herkömmlich bewirtschafteten Bezirks verglich. So kamen hier 41, dort nur 29 Vogelarten vor, hier 177 Holz bewohnende Käferarten, dort gab es nur 148.[12]

Naturschutz im Privatwald

Während die eine Hälfte des Waldes der Öffentlichkeit gehört, also im Eigentum des Staates, der Städte oder der Gemeinden steht, gehört die andere Hälfte des Waldes Privatleuten. Soll auch hier Naturschutz stattfinden, muss der Staat in der Regel finanzielle Anreize schaffen, um Nutzungsausfälle zu kompensieren. Solche Vertragsnatur-

schutzprogramme im Wald gibt es inzwischen in jedem Bundesland. Sie sind ein wichtiger Beitrag, meist sogar die Voraussetzung für die Akzeptanz und flächige Verbreitung von Naturschutzmaßnahmen im Privatwald. Nach Untersuchungen aus Nordostdeutschland sind bis zu vier Biotopbäume pro Hektar sogar kostensparend, bis zu sieben noch kostengünstig zu integrieren.[91]

Die Macht der Verbraucher

Auch der Verbraucher selbst kann beim Holzkauf Einfluss auf die Forstwirtschaft nehmen. Sind die Holzprodukte vom Forest Stuartship Council (FSC) zertifiziert, bedeutet dies, dass der Forstbetrieb nach besonders strengen Umwelt- und Naturschutz-Standards bewirtschaftet wird. So vergibt das Forest Stuartship Council sein Zertifikat nur an Betriebe, die Höhlenbäume grundsätzlich belassen, je Hektar mindestens zehn Biotopbäume schützen und keine Vollbaumernten durchführen. Bei einer Vollbaumernte wird alles oberirdische organische Material bis zur Krone entfernt und der Wald verarmt, denn Feinreisig und Rinde machen nur rund 8 % des Brennwertes, aber 50 % der wesentlichen Nährstoffe aus. An der Entwicklung der FSC-Standards waren u. a. alle großen deutschen Umweltorganisationen beteiligt. Unabhängige Gutachter kontrollieren die Einhaltung der Vorgaben. Aktuell sind rund 5 % der deutschen Wälder FSC-zertifiziert, doch die Nachfrage nach diesem zertifizierten Holz ist erheblich höher. Viele große Zeitschriftenverlage und mehrere große Baumärkte haben inzwischen auf FSC-Holz bzw. aus ihm gewonnenes Papier umgestellt.

Allerdings kann der Wirtschaftswald in der jetzigen Form die großflächig fehlenden Altersphasen und die natürliche Walddynamik nicht ersetzen. Naturnahe, unbewirtschaftete Buchenwälder weisen eine bis zu viermal höhere Brutvogeldichte auf.[91] Die Vielzahl der Nischen und Organismen, die an das natürliche Entstehen und Vergehen geknüpft

Markierung eines Höhlenbaumes.

sind, machen daher zusätzlich ein Netz von Naturwaldreservaten, Naturschutzgebieten und Nationalparks als Reservoire des Lebens unverzichtbar. Bislang wurde vom Gesetzgeber knapp 1 % der deutschen Landesfläche als Nationalparke (0,54 %) und Naturwaldreservate (0,09 %) unter Schutz gestellt. Diese Zahlen zeigen deutlich, dass wir weit von der Forderung vieler Naturschutzverbände und der Bundesregierung entfernt sind, 5 % der gesamten Waldfläche von jeglicher Nutzung freizuhalten. So ist es nur konsequent, dass auch Naturschutzorganisationen Wälder kaufen, um sie als private Schutzgebiete sich selbst zu überlassen. Der Landesbund für Vogelschutz in Bayern, der sich besonders für den Artenschutz einsetzt, erwarb zu diesem Zweck ein über 200 Hektar großes Waldstück bei Rain an der Donau, in dem bereits heute sechs Spechtarten vorkommen.

Spechten auf der Spur

Spechte sind nicht nur wegen ihrer einmaligen Lebensweise, sondern auch wegen ihrer Tätigkeit als Höhlenbauer ein besonders spannendes Forschungsobjekt. Sie gelten als Schlüsselarten, die Strukturen schaffen, auf die andere Tier- oder Pflanzenarten angewiesen sind. Dadurch tragen sie erheblich zur Biodiversität im Ökosystem Wald bei. Einen Schwerpunkt der derzeitigen Spechtforschung stellt die Untersuchung ihrer Lebensraumansprüche dar. Hier leistet die Funktelemetrie einzelner Individuen einen wichtigen Beitrag. Durch wiederholte Ortung eines kleinen, um die 2 g schweren Peilsenders, der an einer Schwanzfeder angebracht wird, kristallisieren sich die bevorzugten Aufenthaltsorte des Vogels über einen längeren Zeitraum heraus. Zwischen 500 und 1000 m weit lassen sich die Tiere mit Handantennen peilen. Zugleich bekommt man eine ungefähre Vorstellung von der Größe des Streifgebietes eines Spechtes. Vergleicht man nun besonders große mit relativ kleinen Streifgebieten einer Spechtart, lassen sich oft die wesentlichen Parameter her-

ausfiltern. So können etwa die Menge und Art des Totholzes, die Anzahl von Ameisenhaufen oder die Menge an vom Borkenkäfer befallenen Bäumen die Größe eines Spechtgebietes beeinflussen. Daraus lassen sich dann konkrete Maßnahmen oder auch nur Unterlassungen seitens der Forstwirtschaft ableiten, um im Rückgang befindliche Spechtpopulationen wie die des Grau- oder des Kleinspechtes gezielt zu stabilisieren.

Sind Spechte Zeigerarten?

Spechten wird eine Indikatorfunktion über den Zustand und die Naturnähe von Wäldern zugesprochen.[27, 28] Die Idee des Konzeptes ist es, über relativ leicht erfassbare Arten die Bedürfnisse anderer Mitglieder der Lebensgemeinschaft mit abzubilden. Man könnte folglich von Spechten als

Mit einer Richtantenne und einem Empfänger werden die besenderten Spechte geortet.

Ein weiblicher Schwarzspecht wird vermessen und beringt.

An der Basis einer Schwanzfeder eines Grauspechts wurde ein Minisender angebracht.

Zeigerart sprechen, deren Vorkommen für ökologisch hochwertige Strukturen und damit für das Vorkommen einer ganzen Reihe weiterer Arten bürgt.

Dies gilt aber nur für einige wenige Spechtarten wie den Weißrückenspecht, der für sein Überleben urwaldähnliche, alte Laubwälder braucht. Es können jedoch auch wichtige Schlüsse über die ökologische Wertigkeit von Waldbeständen gezogen werden, indem die Bestandsdichten von häufigen Arten wie dem Buntspecht ermittelt werden. Während diese Spechtart in nadelholzdominierten Monokulturen lediglich Brutdichten von einem Paar pro 50 bis 60 Hektar aufweist, kann sie in parkähnlichen Landschaften ein Brutpaar pro Hektar erreichen.[48, 85]

Brutdichten von Spechten lassen sich im Frühjahr durch Abspielen von Trommelreihen und Rufen der jeweiligen Spechtart gut bestimmen.[77] Im zeitigen Frühjahr reagieren die Spechte auf den vermeintlichen Eindringling durch Trommeln und Drohflüge. Mit dieser sogenannten Klangattrappe können für große Waldflächen mit vergleichsweise geringem Aufwand aussagekräftige Bestandserfassungen durchgeführt werden. Die besten Ergeb-

nisse erzielt man dabei im Zeitraum von März bis April, wenn die Spechte intensiv balzen und noch nicht brüten.

Hals- und Fußringe für die Forschung

Die Nahrungsgewohnheiten der einzelnen Spechte kann man am besten durch Kotanalysen erforschen. Bei den Ameisen fressenden Spechtarten können mittels der im Kot enthaltenen Chitinpanzer durch Ameisenexperten sogar die einzelnen Arten bestimmt werden.[66] Um Aufschlüsse über Nahrungszusammensetzung und -menge während der Jungenaufzucht zu erhalten, werden den Spechtjungen Halsringe angelegt,[55] die sie am Verschlucken einer Mahlzeit hindern. Diese störungsintensive Methode wird jedoch nur vereinzelt angewandt, da die Höhle so präpariert sein muss, dass die Jungen wiederholt für die Probenentnahme kurzfristig aus der Höhle genommen werden können.

Über das Alter und die Wanderbewegungen von Spechten gibt die klassische Beringung von Jungvögeln Aufschluss. Um Spechte individuell zu er-

kennen, werden Jung- und Altvögel mit Farbringen versehen, deren Kombinationen innerhalb eines Untersuchungsgebietes einmalig sind und so mithilfe eines Fernglases eine eindeutige Bestimmung der Individuen ermöglichen. Will man Altvögel fangen, gibt es mehrere Möglichkeiten: Kennt man die Schlafhöhle eines Spechtes, so kann man seiner nach Sonnenuntergang mit Hilfe eines vor den Eingang gehaltenen Keschers habhaft werden.

Ein Specht im Netz

Da mehrere Spechtarten wie Mittel- und Buntspecht, aber auch Grau- und Grünspecht Futterstellen mit Fett und Körnern gerne annehmen, lassen sie sich auch dort mit Netzen oder Klappnetzfallen fangen. So erbeutete Altvögel werden vermessen und gewogen. Bei langfristig angelegten Forschungsprojekten entnimmt man gefangenen Tieren neuerdings auch eine Blutprobe, um verwandtschaftliche Beziehungen in einer Population untersuchen oder das Paarbildungssystem überprüfen zu können. In jüngster Zeit wird eine weitere Methode zur individuellen Erkennung von

Spechten erprobt: Durch die Auswertung von Sonagrammen können Trommeln und Rufe einzelnen Tieren zugeordnet werden.[28] Mithilfe eines Sonagramms werden akustische Äußerungen grafisch dargestellt und verglichen.

Klettern gehört zum Handwerk

Wer die Brutbiologie der Spechte oder die Folgenutzung der Spechthöhlen hautnah erforschen will, muss klettern können und schwindelfrei sein, denn Spechthöhlen finden sich manchmal in mehr als 20 Metern Höhe. Um sie zu erklettern, gibt es verschiedene Techniken. Von aufwendigen Baumvelos, bei denen man mit Hilfe von zwei Stahlbändern astfreie Stämme gut erklimmen kann, über einfache Schlingen- bis zu alpinen Klettertechniken reichen die angewandten Methoden.

Um Höhlenbäume häufig und Kräfte sparend zu besteigen, eignet sich eine dauerhaft angebrachte Hilfsschnur. Mit ihr zieht man bei Bedarf ein Kletterseil hoch. Der freie Aufstieg am Seil mithilfe von Steigklemmen ist mit etwas Übung die baumschonendste und schnellste Technik, wenn erst einmal die Hilfsschnur mittels Bogen, Armbrust oder Schleuder installiert ist.

Mit dem »Treetop-peeper« lassen sich Schüler und Studenten für das Thema Spechte, Höhlen und Folgebesiedler begeistern.

Um die Höhlen inspizieren zu können braucht man einen Spiegel, der abgewinkelt an einem Stiel befestigt ist und so klein sein muss, dass er durch den Höhleneingang passt. Eine kleine Glühbirne, die hinter dem Spiegel angebracht ist, sorgt für die Beleuchtung.

Mit dem Giraffenhals in die Höhle

Die Weiterentwicklung dieser Methode ist der sogenannte *Treetop Peeper*, eine Giraffenhalskamera, mit der man Höhlen in Höhen bis ca. 15 m vom Boden aus inspizieren kann. Dieses Gerät besteht aus einer Teleskopstange aus Karbon, an deren oberem Ende eine kleine Digitalkamera mit Beleuchtung angebracht ist. Diese wird in den Höhleneingang geschoben und überträgt ihr Bild per Funk zu einem kleinen Bildschirm am Boden. Diese Bilder lassen sich dann auf einem Laptop aufzeichnen. Damit werden beispielsweise alljährlich alle Höhlen des Lehrwaldes der Hochschule Weihenstephan von Studenten untersucht.

Da das Verfahren auch bei morschen Bäumen gefahrlos und wenig aufwendig ist, stellt es eine interessante und störungsarme Alternative zum Erklettern der Höhlenbäume dar. Außer für Forschungszwecke eignet sich das Gerät auch perfekt für die Aufklärungsarbeit zum Schutz von Spechten und ihren Höhlen. Hat man einmal selbst in die Höhlen geblickt und das vielfältige Leben darin entdeckt, steigt die Begeisterung für diese Technik ganz erheblich.

Es bleibt noch viel zu tun

Viele Forschungsprojekte widmen sich den Folgenutzern von Spechthöhlen. Durch Langzeiterfassung engagierter Freizeitornithologen, aber auch durch langfristig angelegte Untersuchungen in Nationalparks konnten die spannenden Nutzungsgeschichten der Großhöhlen des Schwarzspechts dokumentiert werden.[75] Die Ergebnisse sind

Mit starken Richtmikrofonen lassen sich die verschiedenen Lautäußerungen von Spechten aufzeichnen und über Sonogramme auswerten.

eine wichtige Argumentationshilfe für den Erhalt der Höhlenbäume. Zahlreiche Spechtforscher tragen durch ihre Arbeit zu einem besseren Verständnis der Zusammenhänge im Ökosystem Wald bei. Sie werden durch ihr Fachwissen von den Forstbehörden zunehmend als kompetente Gesprächspartner geschätzt und für Höhlenbaumkartierungen und -markierungen engagiert.[76]

Beziehungen sind oft etwas kompliziert. So wundert es nicht, dass gerade auf dem Feld der Beziehungen zwischen Spechten und anderen Organismen noch einiges unklar ist. Bekannt ist, dass Spechte gerne Totholz nutzen. Doch reagieren sie auch positiv auf Strukturen die der Biber geschaffen hat? Steigt die Biotopkapazität für Spechte durch den sich ausbreitenden Nager an? Welche Nahrungs- und Brutnischen entstehen neu? Welche Spechtarten profitieren davon am meisten?

Ähnlich ungeklärt sind manche Fragen bei vermuteten Wechselbeziehungen zwischen Spechten und Pilzen. Sicher ist, dass Spechte bevorzugt Stämme mit Pilzbefall nutzen, um Höhlen zu bauen oder nach Insekten zu suchen.

Selbst der krähengroße Schwarzspecht sucht in Mitteleuropa gezielt Buchen mit Stammfäulen. Frisch angeschlagene Stämme auf Höhe der Wunde mit einem Resistographen (Holzwiderstandsmesser) untersucht, ergab dass fast 95 % dieser Stämme im Kern eine Fäule aufwies. Aber selbst den gesunden Splint überwindet der Schwarzspecht in der Regel nicht ohne Hilfe. Nach einer wenigen Zentimetern tiefen Initialphase lässt er den Höhlenanfang ruhen, bis er nach mehreren Jahren zurückkehrt um die Höhle zu beenden. Inzwischen wurde das von der Rinde befreite Holz dank der Mithilfe von Pilzen weicher und damit leichter zu bearbeiten.[100]

Selbst die Ideallinie mit dem geringsten Widerstand in den Holzkörper findet er meist heraus.

Ein Höhlenbaum wird bestiegen, um die Höhlen zu untersuchen.

Specht und Mensch

Fassadenhacker mit hohem Bekanntheitsgrad

Wer kennt heute noch den Buntspecht? Eine Studie zur Vogelartenkenntnis bayerischer Schüler wollte das klären. Über 3200 Kinder und Jungendliche von der 4. bis zur 12. Klasse beteiligten sich an der Untersuchung. Neben dem Buntspecht waren elf andere häufige Vogelarten im Test. Über alle Schularten hinweg erkannten 85 % der Schüler den Buntspecht als Mitglied der Spechtfamilie.[101] Auch auf der Liste der Lieblingsvögel liegt der »Specht« mit Platz 4 weit vorne. Er wurde bei den Jungen nur von Adler und Falke und bei den Mädchen vom Rotkehlchen überrundet. Seine Größe, die markanten Farbkontraste und sein auffälliges Verhalten mit Trommelreihen und Rufserien machen ihn zu einem besonders markant. Hinzu kommt, dass Buntspechte häufig bei Vogelfütterungen zu beobachten sind. Dort beherrschen sie die Szene und lenken alle Aufmerksamkeit auf sich. Durch dieses Erlebnis entsteht bei Kindern auf spielerische Weise Interesse und damit Artenkenntnis. Bei der »BISA«-Studie *(Bird Identification Skill Assessment)* zeigte sich: Kinder, die zu Hause ein Vogelhäuschen haben, kennen deutlich mehr Arten.[101] Bei der »Stunde der Wintervögel« am 6. Januar jeden Jahres sind in Bayern alle Bürger aufgerufen, Vögel in ihrem Garten zu zählen und zu melden. Diese Form der *Citizen Science* also der »Bürgerwissenschaften« ergab, dass der Bunt-

specht bereits zu den 12 häufigsten Vögeln am Futterhäuschen gehört.

Naturkunde mit Hightech

Nutzt man die Technik, die Schüler im Alltag verwenden, um Kenntnisse über die Natur zu vermitteln, erhält man oft mehr Aufmerksamkeit und damit Wissenszugewinn. Spechttrommeln lässt sich aus dem Internet (www.vogelstimmen.de) als Klingelton oder als Musik auf das Mobiltelefon laden.

Durch das wiederholte Anhören dieser Laute prägen sie sich gut ein.

Mit GPS-Handgeräten lassen sich Trommelplätze des Buntspechts erfassen und in eine Karte eintragen. Mit zunehmenden Daten erhält man einen immer besseren Überblick über die Buntspechtpopulation eines Gebietes und kann das Wissen via Internet allen Interessierten zugänglich machen. Hat man erst einmal Interesse geweckt, können die Schüler selbst Informationen zu einzelnen Fragestellungen sammeln (z. B.: Art der Höhlenbäume, Technik beim Nahrungserwerb).

Spechte eignen sich gut für den Einstieg in das Thema Ökologie im Wald.

Auch durch eine moderne Form der Schnitzeljagd, *Geocaching* genannt, lässt sich Interesse für Spechte wecken. Über vorgegebene Koordinaten findet man Buntspechthöhlen, Spechtschmieden, Ringelstellen und Hackplätze. Damit lässt sich auch der Begriff der ökologischen Nische am Beispiel von Schwarz- und Buntspecht gut erklären. Generell ermöglichen Spechte durch ihre enge Bindung an Bäume und Wald einen idealen Einstieg in das Ökosystem Wald.

Spechte entdecken

Nicht nur Kinder, auch Erwachsene lassen sich von Spechten faszinieren. Der Anflug eines Schwarzspechtes an seine Schlafhöhle oder ein aus der Höhle lugender Raufußkauz zaubern immer ein Lächeln auf die erstaunten Gesichter einer von Ornithologen oder Förstern geführten Gruppe.

Einen guten Einstieg in das Thema Spechte mit vielen spannenden Informationen, mit Filmen und Tonaufnahmen aufbereitet, findet man auf www. spechte-online.de. Wer sich gezielt mit Spechten beschäftigen will, hat im Lauf des Jahres verschiedene Möglichkeiten:

Im Winter lassen sich Bunt- und Mittelspecht, in selteneren Fällen auch Klein-, Grün- und Grauspecht mit Futter anlocken. Meisenknödel und noch besser Fettschwarten sind am beliebtesten. In Skandinavien wird damit auch regelmäßig der Schwarzspecht angelockt. Um das Schmiedeverhalten des Buntspechtes zu beobachten, bieten sich Walnüsse an. Am besten bringt man in der Nähe eine passende Schmiedevorrichtung (eingekerbtes Holzstück) an, an der der Specht selbst die Nüsse bearbeitet. Ebenso kann man Fett in Stammritzen und Baumspalten schmieren, wo die Spechte bald zu fressen und zu hacken beginnen und man sie hervorragend fotografieren kann.

Im Frühjahr lassen sich Spechte gut in größeren Stadtparks, auf Friedhöfen oder in stadtnahen Wäldern beobachten. Bereits im Januar gehört das Trommeln zu den Geräuschen des nahenden Frühlings. An ihre Trommelstellen kehren die Spechte immer wieder zurück. Vor allem kurz nach Sonnenaufgang. Gute Trommelstellen sind rar, daher werden sie oft von verschiedenen Arten genutzt.

In der Nähe der Trommelwarten sind meist auch Höhlenbäume und die Bruthöhlen zu finden. In der Balzzeit werden die Höhlenbäume immer wieder angeflogen. Benutzte Buntspechthöhlen in Eichen sind meist an der helleren Borkenfarbe nahe bei der Höhle zu erkennen. Sie entsteht durch demonstratives Hacken, wenn Rivalen oder Weibchen in der Nähe sind. Ahmt man mögliche Eindringliche nach, z. B. indem man mit einem Stock auf Holz trommelt, verraten Buntspechte oft ihre Bruthöhle. Ein Partner fliegt sie meist sofort an, um sie gegen den vermeintlichen Konkurrenten zu verteidigen. Wer das Balzverhalten von Spechten beobachten möchte, sollte sich in der Nähe des Höhlenbaumes einen gut getarnten Beobachtungsstand einrichten (natürlich in Absprache mit dem Waldbesitzer und unter Einhaltung der gesetzlichen Vorgaben, die am besten bei den Unteren Naturschutzbehörden erfragt werden). Bei Schwarzspechthöhlen kann man regelmäßig auch Nachnutzer wie Hohltauben oder Kleiber beobachten.

Spechte und ihre Lebensräume

Spechte sind mit Ausnahme des Weißrückenspechtes im Allgemeinen relativ unempfindlich gegenüber Störungen. Trotzdem sollte man während der Brut- und Aufzuchtphase besondere Vorsicht walten lassen. Die meisten Spechtarten haben einprägsame Lautäußerungen,[4] die man sich aus dem Internet herunterladen kann (www.vogel stimmen.de oder www.tierstimmenarchiv.de). Kennt man die wichtigsten davon und weiß auch noch die Habitatansprüche der einzelnen Spechtart, so kann man besonders im Frühjahr gezielt nach selteneren Arten wie dem Grau- oder Kleinspecht suchen.

Buntspechthöhlen lassen sich in beinahe jedem älteren Wald finden. Am einfachsten findet man sie an Laubbäumen, wenn man nach den Fruchtkörpern von Holzpilzen Ausschau hält. Bei benutzten Höhlen in grobborkigen Bäumen fällt auf, dass die Borke im Bereich der Höhle durch häufiges Anfliegen und Übersprunghacken eine hellere Farbe aufweist.

Kleinspechte kann man besonders im Winter in Schilfbeständen entdecken. Dort erbeuten sie die in den Schilfhalmen überwinternden Puppen der Schilffliege.

Bunt- und Grünspechte nehmen gerne Fütterungen mit tierischem Fett an.

Der Kleinspecht ist ein Specht der weichholzreichen Auen, der Mittelspecht als Art der Eichenwälder im Tief- und Hügelland, die er ungefähr ab einem Baumalter von 80 Jahren besiedelt. Der Schwarzspecht brütet zu 90 % in alten Buchen, die auf Brusthöhe einen Durchmesser von mehr als 40 cm aufweisen. Zur Nahrungssuche geht er aber gerne in Nadelholzbestände. Eher im Waldrandbereich und in Buchenbeständen mit viel abgestorbenem Holz findet man den Grauspecht.

Wiesen mit Ameisen, Streuobstbestände, Randbereiche von Ortschaften, das sind die Habitate des Grünspechts und des Wendehalses. Den lautfreudigen Grünspecht mit seinen weit tragenden Glückglück-Rufen kann man relativ leicht finden und oft an Ortsrändern beobachten. Der Wendehals dagegen kommt nur in wärmeren Lagen vor und hat offenbar auch höhere Ansprüche an die Kleinstrukturen dieses Lebensraumes. Da er kleiner und weniger kräftig als der Grünspecht ist, braucht er Ameisenstadien, die relativ Oberflächen nah erreichbar sind.

Der Weißrückenspecht und der Dreizehenspecht sind typische Bewohner montaner Wälder. Während der Erste im totholzreichen, alten Bergmischwald vorkommt, ist der Zweite eine typische Art natürlicher Fichtenwälder.

Wer alle europäischen Spechtarten auf engstem Raum beobachten will, muss in den Süden Rumäniens reisen. Dort leben in den Urwäldern der Südkarpaten mit Ausnahme des Blutspechtes und des Wendehalses alle Spechtarten. In der nahe gelegenen Donauniederung findet man dann auch die beiden fehlenden Arten.

Folgenreiche Missverständnisse

Spechte sind jedoch nicht nur Sympathieträger.
Besonderes Aufsehen erregte im Jahr 1995 die
Meldung, dass Spechte den Start eines amerikanischen Spaceshuttles verhinderten, weil sie mehr
als 100 Löcher in die Isolationsschicht des Zusatz-
tanks gehackt hatten.[2] Offenbar versuchten Gold-
spechte dort ihre Höhlen anzulegen. Mit einer fes-
ten Außenhaut und einer porösen Schicht darunter
hatte die Tankisolierung denselben Klang wie ein
Pilz befallener Stamm.

Auch in unseren Breiten interessieren sich Spechte
für menschliche Bauwerke. Besonders Häuser mit
Wärme dämmendem Isolierputz rangieren ganz
oben in der Beliebtheitsskala. Das hohl klingende
Material verspricht reiches Insektenleben und damit Nahrung. Zudem lässt sich nach der Überwin-
dung der harten Außenhaut mit wenig Aufwand
eine Höhle in die weiche Isolierschicht bauen.
Kleine Einschläge im Putz deuten auf Nahrungs-

suche, große kreisrunde Öffnungen dagegen eher
auf Höhlenbau hin.

Haben Buntspechte erst einmal eine Stelle ge-
wählt, so bleiben sie dieser häufig längere Zeit
treu. Dadurch können die Schäden beträchtliche
Ausmaße annehmen. Lange, im Wind flatternde
Aluminiumstreifen können in 50 % der Fälle die
Spechte vertreiben. Mit Kletterpflanzen berankte
Hausmauern werden ebenfalls meist gemieden.
Auch ein engmaschiges Drahtgeflecht unter dem
Putz ist eine effektive Vorbeugung. Ist das Angebot an potentiellen Höhlenbäumen knapp, kann es
helfen, große, mit Bauschaum gefüllte Nistkästen
anzubringen, die der Specht nach seinen Bedürfnissen bearbeiten kann, ohne zum Fassadenhacker
werden zu müssen.

Die Ordnung der Spechtvögel

von links nach rechts: Der Reinwardtspecht (Reinwardtipicus validus) ist der einzige Vertreter seiner Gattung. Er lebt in den Regenwäldern Indonesiens. Der Tüpfelzwergspecht (Picumnus innominatus) und der Malaienmausspecht (Sasia abnormis) sind Vertreter aus der Unterfamilie der Zwergspechte. Unser heimischer Wendehals ist einer von zwei Vertretern in der Unterfamilie der Wendehälse (Jynx torquilla).

Die ältesten heute bekannten Vogelfossilien stammen aus Solnhofen an der Altmühl und aus Liaoning in Nordostchina. Ihr Alter schätzt man auf rund 145 Mio. Jahre. Doch erst zu Beginn des Paläozäns, also mit dem Aussterben der Dinosaurier vor rund 65 Mio. Jahren, begann ein Evolutionsschub mit der Ausbildung zahlreicher Nischen. Dies gilt als die Geburtsstunde der modernen Vögel.

40 bis 50 Mio. Jahre zählen die ältesten Spechthöhlen in den versteinerten Wäldern Arizonas. Der älteste direkte Nachweis eines Spechtes stammt aber aus Deutschland. Es ist ein fossiler Fußknochen, der 25 Mio. Jahre alt ist.[2] Nach dem derzeitigen Kenntnisstand entwickelten sich Spechte vor rund 50 Mio. Jahren und gehören somit zu den ältesten heute existierenden Vogelformen.

Wo sich der Ursprung der Spechte befindet, ist noch ungeklärt. Heute besiedeln Spechte alle Kontinente mit Ausnahme von Australien und der Antarktis. Auf Neuguinea, Neuseeland, Madagaskar und den pazifischen Inseln fehlen ebenfalls Spechte, obwohl es dort durchaus entsprechende Wälder gibt.

Die bunte Verwandtschaft

Die Ordnung der Spechtvögel (Piciformes) gliedert sich in die Unterordnung der Glanzvogelartigen (Galbuloidea) und der Spechtartigen (Picoidea). Erstere besteht wiederum aus der Familie der Glanzvögel und der Faulvögel, die mit ihren insgesamt 55 Arten auf Süd- und Mittelamerika beschränkt sind. Glanzvögel ähneln in ihrer Lebensweise den Bienenfressern. Sie fangen Insekten im Flug und graben sich Nisthöhlen in Uferböschungen oder Termitenbauten. Faulvögel erinnern von ihrem Körperbau eher an Racken, sind aber unscheinbar gefärbt und sind ebenfalls Höhlenbrüter.

Die Unterordnung der Spechtartigen gliedert sich in drei Familien: die Bartvögel (Capitonidae), die Honiganzeiger (Indicatoridae) und die Spechte (Picidae). Die Familie der Bartvögel besteht aus 82 Arten, die in Afrika, Amerika und Asien vorkommen, sich von Früchten, Nüssen und Blüten ernähren und in selbst gezimmerten Höhlen brüten.

Die unscheinbar gefärbten Honiganzeiger sind nach ihrem außergewöhnlichen Nahrungsverhal-

von rechts nach links: Der Helmspecht (Dryocopus pileatus) gehört zu den größten Vertretern der Unterfamilie der Echten Spechte. Dort reiht er sich zusammen mit unserem Schwarzspecht in die Gattung Dryocopus ein. Ein mittelgroßer nordamerikanischer Specht ist der Rotbauchspecht (Melanerpes carolinus) aus der Gattung Melanerpes. Der Dunenspecht (Picoides pubescens) ist der kleinste Specht Nordamerikas. Die drei Spechte sind im passenden Größenverhältnis zueinander abgebildet.

ten benannt: Sie lenken die Aufmerksamkeit eines Menschen durch lautes Rufen auf sich und führen ihn damit zu einem Bienennest. Wenn der Mensch das Bienennest aufbricht, holt sich der Honiganzeiger den Rest des Nestes. Sie sind Brutparasiten, die ihre Eier in die Höhlen von Spechten, Bienenfressern oder Eisvögeln legen. Die Jungvögel töten nach dem Schlupf alle anderen Küken des jeweiligen Wirtes.

Drei Unterfamilien

Die Familie der Spechte gliedert sich in die Unterfamilien der Wendehälse (Jynginae), der Zwergspechte (Picumninae) und der Echten Spechte (Picinae). Zwergspechte werden auch als Weich-

schwanzspechte bezeichnet, da sie keinen Stützschwanz besitzen. Die Unterfamilie unterteilt sich in drei Gattungen, wovon die Zwergspechte (Picumnus) mit 27 Arten, die Mausspechte (Sasia) mit drei Arten und die Hüpfspechte (Nesoctites) mit lediglich einer Art vertreten sind.

Erst mit der Unterfamilie der Wendehälse, die weltweit nur zwei Arten umfasst, gelangt man schließlich zu der ersten heimischen Art von Spechtvögeln. Die restlichen neun europäischen Spechtarten gehören zu der dritten Unterfamilie, den Echten Spechten, die mit weltweit 182 Arten die artenreichste ist. Unsere sechs kleineren Spechte zählen mit Ausnahme des Dreizehenspechtes (Picoides) zur Gattung der Buntspechte (Dendrocopus). In der Gattung der Schwarzspechte (Dryocopus) ist unser größter Specht zusammen

mit sechs weiteren Arten wie dem größten nordamerikanischen Specht, dem Helmspecht, vertreten. In der Gattung der Grünspechte (Picus) finden sich Grün- und Grauspecht.

Dass Spechte zu den ältesten noch existierenden Vogelformen zählen, spiegelt sich vermutlich auch in der Tatsache wieder, dass es innerhalb der 27 Gattungen der Echten Spechte fünf Gattungen gibt, die jeweils nur eine Art umfassen. Weitere acht Gattungen sind ebenfalls relativ »artenarm«. Dies kann ein Hinweis darauf sein, dass sich einige Arten aufgrund der langen Existenz dieser Vogelfamilie schon weit auseinander entwickelt haben.

Der Kleinspecht – ein Klein- häusler mit Existenzsorgen

Der Kleinspecht ist der Zwerg unter den heimischen Buntspechten. Durch die Fähigkeit, im morschen Holz nach Insekten zu suchen, kann er, wie alle Spechtarten den Winter in Mitteleuropa verbringen. Um Konkurrenz zu vermeiden, besetzen die einzelnen Arten vor allem in Zeiten knapper Nahrung unterschiedliche Nischen. Diese ergeben sich unter anderem aus den Unterschieden in Größe und Körpermasse, aber auch durch verschiedene Techniken bei der Nahrungssuche. So hat der Kleinspecht lediglich ein Gewicht von 20 g, während der Weißrückenspecht als größte Buntspechtart immerhin 110 g auf die Waage bringt.

Weiche Hölzer sind gefragt

Wegen seiner Größe – er ist kaum größer als ein Kleiber – kann der Kleinspecht nur weiches Totholz bearbeiten. Besonders optimal erfüllt das vermodernde Holz von Pappel, Weide oder Birke (Weichlaubhölzer) seine Ansprüche. Diese Baumarten findet er bei uns vor allem in Auwäldern, weswegen er dort einen Vorkommensschwerpunkt hat. Die oft nur noch mit wenigen Baumreihen erhaltenen Auen sind meist totholzreich, weil sie der Mensch wenig nutzt. Kommt dort auch noch der Biber vor, verbessern sich die Lebensbedingungen für den Kleinspecht zusätzlich, da sich durch die Aktivitäten unseres größten Nagers die Totholzvorräte im Ufersaum fast verdoppeln.

Der Kleinspecht fühlt sich in alten »unordentlichen« Wäldern bis in die montane Stufe wohl, wenn diese einen hohen Laubholzanteil und viel morsches Holz bieten.[37,67] Gerade im Winter, wenn Blattläuse fehlen, sind Holz bewohnende Insekten im stehenden Totholz eine wichtige Nahrungsgrundlage. Das ist auch der Grund, warum der Kleinspecht in intensiver bewirtschafteten Wäldern mit wenig Totholz relativ große Aktionsräume benötigt. Unter solchen Umständen kann sein Aktionsgebiet im Winter 200 bis 600 Hektar umfassen, während er in der Brutsaison lediglich 15 bis 20 Hektar nutzt.[21] Der Kleinspecht kann in geschlossenen Wäldern wegen seiner Ansprüche an die Nahrungssuche im Winter ähnlich wie der Weißrückenspecht als Indikator für einen hohen Anteil an Totholz und Urwaldstrukturen gelten.

Akrobatische Nahrungssuche

Fast meisenartig liest der Kleinspecht, mit dem Rücken nach unten hängend, seine Beute von Blättern und Zweigen ab. Blattläuse und Baum bewohnende Ameisen stellen dabei die bevorzugte Beute dar.[33,59] Kleinspechte können wegen ihres geringen Gewichtes noch an Zweigen nach Nahrung suchen, die Bunt- und Mittelspechte schon nicht mehr tragen.

Sie legen jährlich neue Höhlen an. Meist nutzen sie schwache, abgestorbene Laubbäume, aber auch Totäste als Brutraum. Das im Durchmesser nur 32 mm messende Einflugloch ist so klein, dass man die Höhle eindeutig dem Kleinspecht zuordnen kann. Kleinspechte haben mit 6 bis 9 Eiern je Gelege die höchste Eizahl unter den Buntspechten.[33] Dies ist als Anpassung an relativ hohe Verlustraten und ein im Vergleich zu größeren Spechtarten kurzes durchschnittliches Lebensalter zu deuten.

Streuobst als Ersatz

In der mitteleuropäischen Kulturlandschaft kommt der Kleinspecht in ausgedehnten Streuobstgebieten vor. Da in diesem Sekundärlebensraum der Nest räubernde Buntspecht während der Brutsaison meist fehlt, sind hier seine Bruterfolge deutlich höher als in geschlossenen Wäldern mit Buntspechtvorkommen.[33] Daher wirkt sich der landesweite Rückgang der Streuobstbestände in den letzten Jahrzehnten besonders negativ auf die Kleinspechtbestände aus.

Doch auch in Skandinavien verzeichnet man einen besorgniserregenden Rückgang des Kleinspechts. Dort fehlen ihm durch die stark auf Nadelholz setzende finnische und schwedische Forstwirtschaft morsches Holz von Birke und Aspe sowohl für die Höhlenanlage als auch als Nahrungsgrundlage. Nach den Voraussagen des Klimaatlas für Vögel verschiebt sich das künftige Areal des Kleinspechts nach Norden und löst sich im Süden in kleinere, zersplitterte Populationen auf.[34]

Der sperlingsgroße Kleinspecht – hier ein Männchen mit der leuchtend-roten Kopfplatte – ist unsere kleinste Spechtart.

Dryobates minor

Gattung: Dendrocopos (Buntspechte)

E: Lesser Spotted Woodpecker

Körperlänge: 14–16 cm

Flügelspannweite: 25–27 cm

Gewicht: 18–22 g

Stimme: gereiht und hell »ki-ki-ki«

*Trommeln: Wirbel 1–4 Sekunden, gleich-
mäßig mit etwa 22–30 Schlägen*

*Lebensraum: lichte, totholzreiche Laub-
mischwälder oder Streuobstanlagen*

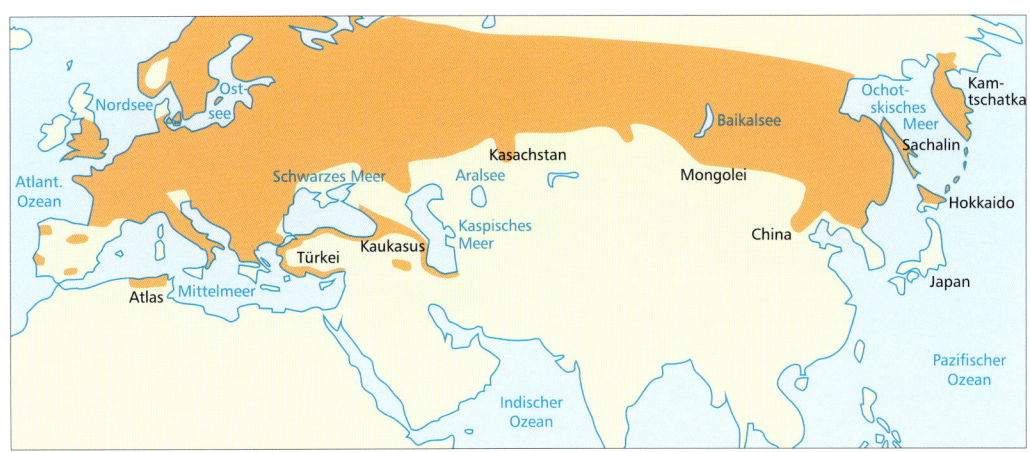

Der Kleinspecht besitzt ein riesiges Areal, das sich
über die gesamte Waldzone der Paläarktis erstreckt.

Kleinspechtmännchen bei der Nahrungssuche
an morschem Holz.

Weibchen des Kleinspechts.

Der Mittelspecht – ein Specht der (meist) leisen Töne

Ein quäkender Specht

Weite Teile des Jahres kann man den Mittelspecht leicht übersehen, da er sich deutlich leiser und unauffälliger als seine Verwandtschaft verhält. Nur sein lautes Quäken während der Balzzeit von Februar bis April ist ein sicheres Indiz für seine Anwesenheit. Sein Erregungsruf mit den langen Kix-Reihen ähnelt den Rufen des Buntspechts. Generell kann man Bunt- und Mittelspecht auf den ersten Blick durchaus verwechseln, zumal beide oftmals im gleichen Lebensraum vorkommen. Doch der Mittelspecht ist etwas kleiner und bewegt sich geschmeidiger und weniger ruckartig als sein Verwandter. Beide Geschlechter haben eine sich über den ganzen Kopf erstreckende feuerrote Haube, die bei Erregung stark aufgerichtet wird. Beim Weibchen ist diese Haube aber etwas matter und kleiner. Das lautstarke Gequäke des Mittelspechts, vornehm ausgedrückt: sein Frühlingsgesang, prägt sich sofort ein. Fast als ob ihm jemand die Gurgel zudrücken würde oder wie die Schreie eines wehklagenden Rehs hören sich seine Rufe an.

Stochern statt Hacken

Der Mittelspecht gilt als Stocherspecht. Er braucht Bäume mit rauer Borke, weil er mit seinem pinzettenartigen Schnabel in den Klüften und Rissen nach Insekten und Spinnen sucht.[53] Ähnlich wie bei vielen anderen Vogelarten, ist sein Vorkommen nicht an eine bestimmte Baumart gebunden,[95] sondern weist vielmehr auf eine bestimmte Struktur innerhalb von Laubwäldern hin. Der Mittelspecht galt bis in die jüngere Vergangenheit als typischer Bewohner von alten Eichenwäldern. Heute weiß man aber, dass er auch in alten, über 180-jährigen Buchenwäldern vorkommt.[45,52,91] Zu dieser Fehleinschätzung trug die Tatsache bei, dass die Eiche

mit ihrer bereits von Jugend an rauen Borke schon in einem Alter von 80 Jahren als Lebensraum für den Mittelspecht geeignet ist.[52] Bei einem angestrebten Baumalter von 200, im Spessart sogar bis 350 Jahren kann er also »normale« Wirtschaftwälder der Eiche über viele Jahrzehnte besiedeln. Da er zwischen 10 und 30 Hektar geeignete Fläche pro Brutpaar benötigt, erfüllen sich seine Ansprüche im Rahmen der derzeitigen Forstwirtschaft am häufigsten in einem Eichenbestand. Buchen werden aber in der Regel bereits in einem Alter von 120 bis 140 Jahren geerntet und damit in einem Alter, in dem sie für den Mittelspecht gerade erst anfangen, interessant zu werden. Erst dann wird die Borke rissig und sterben dickere Äste ab. Somit kann er reine Buchenbestände nur dort nutzen, wo sie deutlich älter sind, gar nicht mehr bewirtschaftet werden oder einzelne Eichen im Bestand vorhanden sind.[53] Deshalb gilt der Mittelspecht mittlerweile sogar als Leitart für sehr alte Buchenwälder.[91] Ebenso kommt er auch in Auwäldern mit Erlen vor, da auch diese im Alter eine stark rissige Borke ausbilden.

Besorgte Eidgenossen

In der Schweiz hat sich seit 1970 die Zahl der Mittelspechte wie in vielen anderen Regionen Europas deutlich verringert, was auf den Rückgang der Mittelwälder und den damit einhergehenden Rückgang der Eiche zurückzuführen ist. Bei dieser Art der Forstwirtschaft wurde die Eiche in einem weiten Verband über einer zweiten Baumschicht für die Brennholzgewinnung gehalten. Die heute noch geeigneten Flächen schrumpfen und verinseln immer weiter. In der westlichen Schweiz hat zudem der Orkan Lothar Ende 1999 zum Verlust vieler Alteichen geführt.

Ein Mittelspechtmännchen, das Futter wie alle »Buntspechte« im Schnabel transportiert.

Dendrocopos medius

E: Middle Spotted Woodpecker

Gattung: Dendrocopos (Buntspechte)

Körperlänge: 20–22 cm

Flügelspannweite: 33–34 cm

Gewicht: 50–70 g

Stimme: »gegegegä«

Balzruf: quäkendes, klägliches »ääk..ääk«, trommelt fast nie

Lebensraum: alte Eichen-, Buchen- und Auwälder

Flugbild des Mittelspechts.

Rettung für den Mittelspecht?

Im Jahr 2008 wurde in der Schweiz von der Vogelwarte Sempach ein »Aktionsplan Mittelspecht« ins Leben gerufen, dessen Ziel es ist, den Mittelspecht zu erhalten. Dazu sollen Eichenwälder neu geschaffen, Kernhabitate vernetzt und die verbliebenen Alteichen so lange erhalten werden, bis sich deren Anteil durch das Heranwachsen jüngerer Eichen wieder ausreichend erhöht hat. Erst wenn mehr als 26 Eichen mit einem Durchmesser von wenigstens 35 cm auf Brusthöhe pro Hektar vorhanden sind und dies auf einer Fläche von mindesten 15 Hektar verwirklicht ist, sind die Lebensbedingungen für den Mittelspecht wieder gegeben. Wenn solche potentiell geeigneten Wälder allerdings mehr als 9 km entfernt vom Kernvorkommen liegen, werden diese selten neu besiedelt, da die Art überaus standorttreu ist. Die Jungen lassen sich meist weniger als 3,5 km entfernt von ihrem Geburtsort nieder.[52]

Hier wollen Schweizer Ornithologen durch das Aussetzen von unverpaarten Altvögeln in geeigneten, aber nicht besiedelten Waldgebieten nachhelfen. So will man Verbreitungslücken schließen und eine größere, zusammenhängende Population schaffen.

Besondere Verantwortung

Das Verbreitungsgebiet des Mittelspechtes erstreckt sich über die gesamte warmgemäßigte Laubwaldzone westlich des Urals. Sein Hauptvorkommen liegt aber unterhalb von 600 m Meereshöhe ähnlich dem natürlichen Eichenvorkommen.[53] Sein eiszeitliches Refugium lag im Balkan, wo auch die Eiche die Kaltzeiten überdauerte. Damit gehört der Mittelspecht zu den heimischen Spechtarten mit einem relativ begrenzten Vorkommen, wodurch die Länder im Kerngebiet seiner Verbreitung eine besondere Verantwortung für den Erhalt dieser Art haben. Ähnlich wie bei anderen Spechtarten sieht ein Klimamodell die Zukunft der Art stärker im Norden.[35] Danach würde die Art Südengland, Südschweden und sogar Südfinnland besiedeln, wo sie heute noch nicht oder nicht mehr (Südschweden) vorkommt.

Der Buntspecht – ein streitbarer Alleskönner

Die Allerweltsart

Trifft man bei einem Spaziergang auf einen Buntspecht, schauen sich viele Vogelfreunde gar nicht mehr um, weil er so häufig und weit verbreitet ist. Dabei kann man gerade bei unserem häufigsten Specht das ganze Jahr über erstaunliche Verhaltensweisen beobachten, die ihn zum erfolgreichsten heimischen Vertreter seiner Familie gemacht haben.

Weibchen des Buntspechts.

Erfolgreich durch Flexibilität

Er ist vom Südrand der Tundra bis nach Nordafrika nahezu flächig verbreitet und dringt derzeit in vielen Teilen Europas sogar in die urbanen Gebiete vor. Was macht ihn aber so erfolgreich?
Hier ist vornehmlich sein weites Nahrungsspektrum zu nennen, das er sich mit erstaunlichen Techniken erschließt.[52] In Nordeuropa spielen Kiefern- und Fichtensamen eine große Rolle, was sich in seinem kräftigen Schnabel widerspiegelt.
In Jahren mit üppiger Samenbildung bei der Fichte lassen sich in den Taigawäldern Bestandsschwankungen des Buntspechts um den Faktor 16 nach-

weisen.[30] Auffällig sind die Schmieden des Buntspechts, um die sich gelegentlich Berge von geleerten Zapfen türmen. Gelegentlich transportiert er sogar erbeutete Jungvögel zu solchen Schmieden, um sie zu zerkleinern. Dieser Werkzeuggebrauch erfordert zweifellos[52] ausgeprägte »Intelligenz«, die unter den heimischen Spechten beim Buntspecht am höchsten sein dürfte, da nur er in der Lage ist, sich gezielt Schmieden zu einem bestimmten Zweck anzulegen.

Streitlustig und fleißig

Der Buntspecht gilt als die streitlustigste Art innerhalb einer ohnehin als einzelgängerisch und aggressiv geltenden Vogelfamilie. Legendär sind die Kämpfe, die er sich besonders mit dem Star um Bruthöhlen liefert. Das Zimmern und Ausbauen von Höhlen beschäftigt ihn das ganze Jahr. Dabei geht er äußerst effizient vor, indem er Weichlaubhölzer oder vorgeschädigte Bäume mit Kernfäule bevorzugt. Im Schnitt entsteht so jährlich eine neue Behausung. Dies ist auch notwendig, denn die Konkurrenz ist groß und jeder Buntspecht beansprucht eine eigene Schlafhöhle. Durch diese intensive Bautätigkeit und natürlich wegen der hohen Populationsdichte des Buntspechts sind seine Höhlen die häufigsten – landauf, landab.

Das Revier – mal klein mal groß

Obwohl der Buntspecht weit verbreitet und äußerst anpassungsfähig ist, werten ihn manche Autoren durchaus als Zeiger für die Naturnähe von Wäldern. So schwanken seine Reviergrößen je nach Baumartenzusammensetzung und Struktur

Dendrocopos major

E: Great Spotted Woodpecker

Gattung: Dendrocopos (Buntspechte)

Körperlänge: 22–24 cm

Flügelspannweite: 34–39 cm

Gewicht: 80–90 g

Stimme: ruft hart »kick« und »wäd-wäd«,
bei Erregung gereiht, zur Balzzeit heisere
»rärärä«-Reihen

Trommeln: schnelle Wirbel etwa ½ Sekunde lang aus 10–15 Einzelschlägen

Lebensraum: fast alle Wälder

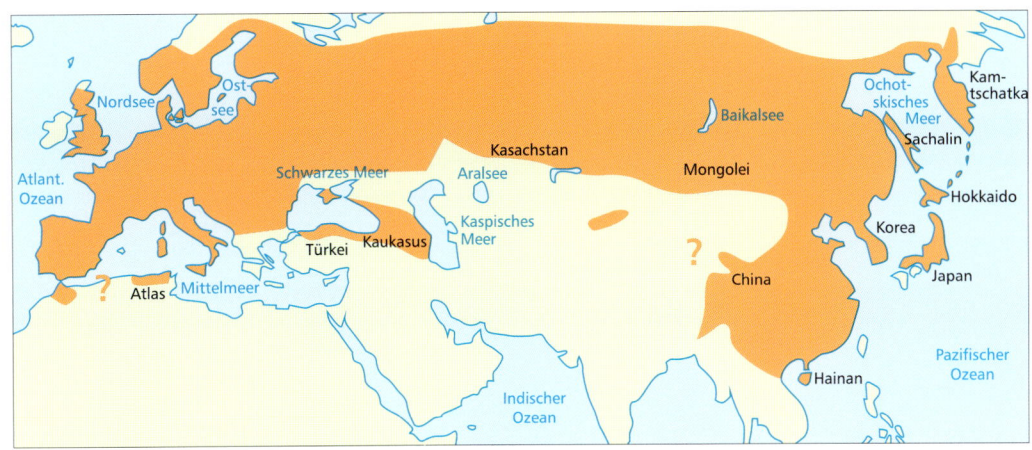

Der Buntspecht ist am weitesten verbreitet. Sein Areal erstreckt sich über die Waldzone der Paläarktis bis in die Amur-Region.

Ein männliches Junge, erkenntlich an der roten Haube, trinkt aus einer Pfütze.

zwischen einem und 60 Hektar.[31] In naturnahen, alten Wäldern erreicht er eine um das drei- bis fünffach höhere Siedlungsdichte als in vergleichbaren Reinbeständen.[77]

Hohe Sterberate

Die durchschnittliche Lebenserwartung von Buntspechten ist nicht sehr hoch. Nur 57 % der markierten Vögel lebten noch im folgenden Jahr.[53a] Freilebende Buntspechte können aber über 13 Jahre alt werden, wie Klaus Ruge, langjähriger Spechtforscher und ehemaliger Leiter der Vogelschutzwarte Baden-Württemberg, feststellte. Doch wie ist es um die Zukunft des Buntspechts bestellt? Selbst für diese enorm anpassungsfähige Art sehen die Prognosen eine Arealverschiebung in Richtung Norden.[34] Weite Teile Spaniens und Italiens werden demnach nicht mehr als Habitat geeignet sein.

Das Männchen des Buntspechts mit dem leuchtendroten Fleck am Hinterkopf.

Der Blutspecht – ein Südländer im Kommen

Männchen des Blutspechts füttert seine Jungen mit Früchten.

Gemeinsame Vorfahren

Ähnlich groß ist er wie der Buntspecht und auch von den Merkmalen sind sie sich sehr ähnlich. Lediglich der Wangenstreifen des Blutspechts erreicht nicht den Nacken. Namen gebend ist aber der blutrote Hinterkopffleck des Männchens, der ausgedehnter ist als beim Buntspecht.[86] Die Ähnlichkeit verwundert kaum, sind sie doch Zwillings- oder Geschwisterarten mit einem gemeinsamen Vorfahren. Nacheiszeitlich entwickelten sie sich dann in verschiedenen Arealen zu getrennten Arten weiter.

Im Süden zu Hause

Sowohl sein wissenschaftlicher (Dendrocopos syriacus) als auch sein englischer Name Syrian Woodpecker geben einen Hinweis auf seinen Verbreitungsschwerpunkt. So stammt die erste Beschreibung der Art aus dem Libanon-Gebirge, das sich bis nach Syrien erstreckt. Sein Areal ist im Vergleich zum Bunt- oder Schwarzspecht klein. Vom Rande Mitteleuropas über die Türkei bis in den Iran und Irak dehnt es sich am weitesten von allen Buntspechten in den Südosten aus. Auch im Gazastreifen und in Israel kommt der Blutspecht vor. Im vergangenen Jahrhundert hat sich das Areal der Art markant verändert. Vom Balkan aus besiedelte sie das Karpatische Becken, dann die ungarische Tiefebene, die östliche Slowakei, Polen und entlang der Donau bald auch Österreich. Obwohl der Blutspecht schon in den 1960er Jahren erstmals in Ostdeutschland in der Nähe der Naturschutzstation »Steckby« auftauchte, ist er bis heute in Deutschland ein seltener Gast.

Früchte als Hauptnahrung

Er lebt nicht im geschlossenen Wald, sondern auf relativ offenen Flächen, die nur locker mit Bäumen bestanden sind.[62] Obst- und Nussbäume[21] sind für ihn eine wichtige Nahrungsgrundlage, weil er sich von allen Spechtarten am meisten vegetarisch von Samen und Obst ernährt. Im Mittelmeerraum ist der pflanzliche Anteil der Nahrung im Vergleich zum Norden und Osten seines Areals besonders hoch.[7] Als einziger Specht füttert er sogar seine Jungen regelmäßig mit pflanzlicher Kost, wie z. B. dem Fruchtfleisch von Kirschen. Er ist die Spechtart mit einer engen Bindung an die Kulturlandschaft.[62]

Man muss sich nur zu helfen wissen!

Auch für den Bau von Bruthöhlen sind vom Menschen geschaffene Strukturen interessant. Regelmäßig baut er seine Höhlen in Leitungsmasten und sogar in Pfosten von hölzernen Ziehbrunnen. Seine Höhlen nutzt er in der Regel deutlich länger als der Buntspecht, meist zwei bis drei Jahre. Ähnlich wie der Buntspecht ist der Blutspecht enorm erfinderisch in seiner Nahrungswahl.
Er verwendet Spechtschmieden, um hartschalige Nüsse zu öffnen, wobei er seine Schmieden aber nicht so zielgerichtet wie der Buntspecht ausformt. Wie dieser nutzt er auch Baumsaft, wenngleich er nicht aktiv ringelt. Seine Fähigkeit, Nahrungsdepots für nahrungsärmere Zeiten anzulegen, ist unter den europäischen Spechten einmalig. So deponiert er z. B. zahlreiche Hasel- oder Walnüsse an abgebrochenen Ästen oder in rauer Borke.[22] Diese Verhaltensweise setzt strategisches Handeln

Dendrocopos syriacus

E: Syrian Woodpecker

Gattung: Dendrocopos (Buntspechte)

Körperlänge: 22–23 cm

Flügelspannweite: 34–39 cm

Gewicht: 70–90 g

Stimme: ruft weicher als der Buntspecht
»güg-güg«

Trommeln: Wirbel etwa 1 Sekunde lang aus
meist 20 Einzelhieben

Lebensraum: parkartige Landschaften,
Obstgärten

Ausgesprochen klein ist das Areal des Blutspechts. Sein Schwerpunkt bildet
Südosteuropa bis zum Persischen Golf und dem Kaspischen Meer.

Weibchen des Blutspechts füttert seine Jungen
mit einer Larve.

und ein gutes Erinnerungsvermögen voraus und ist ein weiteres Beispiel für die relativ hohe Intelligenz aller Spechte.

Die lästige Verwandtschaft …

Wenn zwei so ähnliche Arten wie Bunt- und Blutspecht im gleichen Gebiet vorkommen, ist eine starke Konkurrenz zwischen den Arten wahrscheinlich. Tatsächlich kommt es zwischen den beiden Arten zu Revierauseinandersetzungen (interspezifische Konkurrenz), aber auch zu Mischbruten (Hybridisierung).

… ist manchmal ganz sympathisch

Die daraus hervorgehenden Hybriden können sich im Gegensatz zu den Mischlingen von Grau- und Grünspecht sogar fortpflanzen. Die ökologischen Nischen der beiden Arten unterscheiden

sich aber dennoch deutlich. Der Blutspecht ist von seinem ursprünglichen Vorkommen her eine Art des fortgeschrittenen, lichten Endstadiums von Urwäldern (Zerfallsphase), der Buntspecht dagegen ist der Bewohner geschlossenerer, jüngerer Waldentwicklungsphasen,[69] was sich auch darin zeigt, dass der Blutspecht bei der Nahrungssuche in morsches Holz weniger tief eindringt und auch häufiger und ausdauernder Nahrung im Flug erbeutet.[62]

Steppenspecht mit Zukunft

Weil er sehr offene, nur mit wenigen Bäumen bestandene Gebiete besiedelt, wird der Blutspecht sogar als »Steppenspecht« bezeichnet.[7] Dies schlägt sich auch in den Prognosen des englischen Vogelklimaatlasses nieder. Dem Blutspecht wird eine deutliche Ausweitung seines Lebensraumes nach Norden vorausgesagt und er könnte sogar von der Klimaerwärmung profitieren.[34]

Der Weißrückenspecht – ein Zeiger für Waldqualität

Das Weibchen des Weißrückenspechtes hat keinerlei Rot am Kopf.

Ein wählerischer Waldbewohner

Der Weißrückenspecht ist der größte unter den Buntspechten mit einem besonders kräftigen Schnabel. Er besitzt ein relativ enges Nahrungsspektrum, das sich überwiegend auf Larven Holz bewohnender Käfer- und Ameisenarten beschränkt. Mit seinem kräftigen Schnabel kann er sich selbst dann noch zu ihnen vorarbeiten, wenn sie sich aus Sicherheitsgründen tief im Holz verpuppt haben. Rossameisen, die er aus den rotfaulen Stammanläufen von Fichten erbeutet,[55] können zeitweise die Hälfte seiner Nahrung stellen. Nach skandinavischen Studien sucht er über 70 % seiner Nahrung an Totholz[32] und 96 % an Laubbäumen.[1] Buchenstümpfe, die mit waagrechten, parallelen Hackspuren überzogen und teilweise entrindet sind, verraten die Anwesenheit dieser Spechtart.

Abwärtstrend trotz Westausbreitung

Die Vorkommen in Süd- und Mitteleuropa sind lediglich die westlichsten Ausläufer seines Areals. Flächendeckend kommt er vor allem in den Wäldern des Karpatenbogens vor, wo er regional häufig ist. In Mitteleuropa kommt die Art in den Alpen vor, von der Schweiz bis Deutschland und Österreich. In der Schweiz gibt es entgegen dem Trend seit Mitte der 1990er Jahre neue Ansiedlungen[45] und auch in Baden-Württemberg gibt es seit wenigen Jahren wieder einige Brutpaare, die auf eine Westausbreitung und damit auf eine Arealausdehnung hindeuten.

In Europa befindet sich die Art in weiten Teilen im Rückgang, was auf die zunehmende forstwirtschaftliche Erschließung alter Wälder mit wertvollen Bäumen in bisher unzugänglichen Lagen zurückzuführen ist. Alte, totholzreiche Bergmischwälder mit mächtigen Buchen, Tannen und Fichten, aber auch Bergahornen in südlicher Exposition sind die bevorzugten Lebensräume des Weißrückenspechtes.[16] Vor allem im Winter ist eine ausreichende Menge an stehendem Totholz überlebenswichtig. So ermittelte man für Reviere von Weißrückenspechten in Österreich durchschnittlich 58 Festmeter Totholz pro Hektar, was urwaldähnlichen Verhältnissen entspricht. Zudem müssen sich diese Strukturen mindestens in einer Größenordnung von 50 bis 100 Hektar erstrecken, um allein für ein Paar ein Auskommen zu sichern.[16] Damit haben Weißrückenspechte die größten Ansprüche bezüglich der »Naturnähe« ihres Habitats unter den heimischen Spechtarten und sind ein wichtiger Indikator für ökologisch wertvollste Waldstrukturen und der damit einhergehenden Artenvielfalt.[57,69]

Ein Zeiger für Vielfalt

Die Artenzahl erreicht in solchen Waldparzellen tatsächlich um durchschnittlich 13 % höhere Werte als in Vergleichsflächen ohne diese Spechtart.[57] Diese Indikatorfunktion besitzt der Weißrückenspecht aber lediglich im nördlichen Europa.[69] In Südeuropa mit seinen milderen Wintern kommt er auch in jüngeren Wäldern vor und kommt dort auch mit einem geringeren Angebot an totem Holz aus. Scheinbar ist es der Mangel an Alternativnahrung in den strengeren Wintern Mittel- und Nordeuropas, der durch ein hohes Angebot an totem Holz kompensiert werden muss.

Dendrocopos leucotos

E: White-backed Woodpecker

Gattung: Dendrocopos (Buntspechte)

Körperlänge: 24–26 cm

Flügelspannweite: 38–40 cm

Gewicht: 100–115 g

Stimme: weicher, tiefere Töne als Buntspecht »kjück« und »kük-gjürr«

Trommeln: lange Wirbel, die am Ende schneller werden

Lebensraum: ausgedehnte, urwaldartige Laubwälder mit viel Totholz

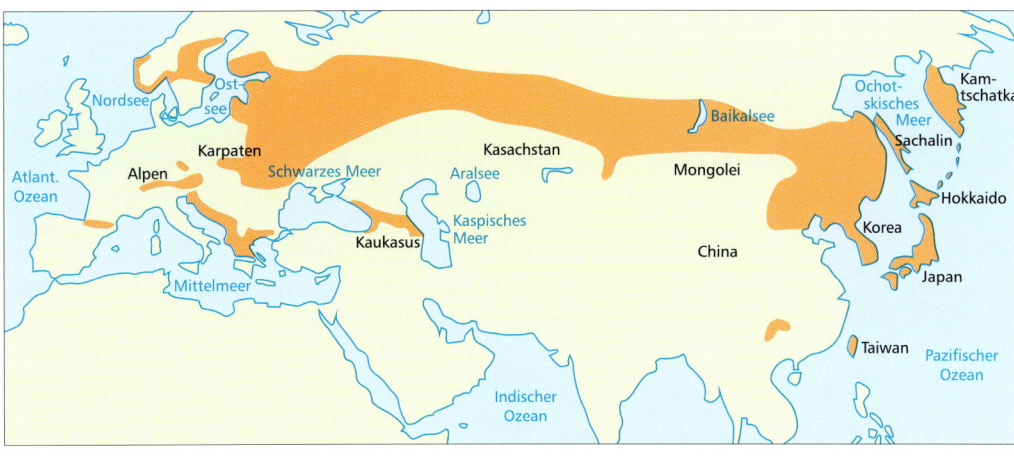

Der Weißrückenspecht ist vor allem im Laubwaldgürtel der östlichen Paläarktis verbreitet.

Bei der Gefiederpflege kann man die namensgebende helle Färbung des Rückens gut erkennen.

Klare Absprachen erleichtern das Leben

Weißrückenspechte teilen sich in ihrem Streifgebiet das Nahrungsangebot unter den Geschlechtern auf.[69] Dazu suchen sie nicht nur Nahrung an unterschiedlichen Plätzen, sondern arbeiten auch mit unterschiedlichen Strategien. Männchen suchen intensiver an dickeren Stamm- und Astabschnitten und meißeln tiefer im Holzkörper. Weibchen dagegen arbeiten höher am Baum, entrinden mehr, verweilen kürzer an einem Nahrungsort und suchen näher an der Oberfläche des Stammes nach Nahrung. Die Weibchen des Weißrückenspechtes haben tendenziell einen kürzeren und etwas schwächeren Schnabel.[21,67] Neben der Waldbewirtschaftung ist nach einem englischen Prognosemodell auch der Klimawandel für diese Art ein gravierender Negativfaktor. Danach löst sich das Verbreitungsgebiet in Mittel- und Osteuropa immer mehr in kleine, mehr oder weniger stark voneinander getrennte Populationen auf. Der Anschluss an die geschlossene nordeuropäische Verbreitung droht verloren zu gehen.

Das Männchen des Weißrückenspechtes hat eine leuchtend rote Haube, die schwarz gesäumt ist. Markant ist auch der große Schnabel.

Der Dreizehenspecht – der Asket aus der Taiga

Das Weibchen des Dreizehenspechtes sucht an einer Fichte nach unter der Borke lebenden Käferlarven.

Ein Vogel der Taiga

Ist man in einem Bergfichtenwald unterwegs und hört einen Specht an der Baumrinde hacken, lohnt es sich genau hinzusehen, denn es könnte ein Dreizehenspecht sein. Diese Spechtart ist meist nicht besonders scheu und lässt sich leicht beobachten. Das Verbreitungsgebiet des Dreizehenspechtes deckt sich weitgehend mit dem Vorkommen der Fichte. Entsprechend ist die Art im ausgedehnten Taiga-Gürtel der gesamten nördlichen Hemisphäre verbreitet.

Ursprünglich als eine Spezies mit riesigem Areal geführt, trennen jüngere genetische Untersuchungen sie in einen eurasischen (Picoides tridactyus) und einen amerikanischen Dreizehenspecht (Picoides dorsalis).[103]

Der Lebensraum des Dreizehenspechts ist geprägt durch lange, strenge Winter und eine kurze Vegetationszeit. Möglicherweise um weniger Wärme zu verlieren, besitzt er als einziger europäischer Specht nur drei Zehen und hat einen besonders kompakten Körperbau.

Forschung vor 100 Jahren

Wie gut er mit nur drei Zehen zu Recht kommt, beschreibt eine etwas makabere Geschichte aus der Zeit der »Flintenornithologie«. Darin wird von folgendem Erlebnis mit dem Dreizehenspecht im Rahmen einer »Vogelkartierung« im Jahre 1909 berichtet: »Wenn man ihn schießt, selbst wenn er sofort tödlich getroffen ist, hat er die erstaunliche Fähigkeit am Stamm hängen zu bleiben. Wo Stämme mit Moos besetzt sind, ist es unmöglich sie zu Boden zu bringen. Nur wenn man sie im Fluge trifft fallen sie herunter, ansonsten haften sie sicher [am Stamm] über den Halt ihrer starken Krallen.«[2] Diese Art der Vogelforschung, die unter frühen Ornithologen gängige Praxis war, veranschaulicht eindrücklich drei Fakten: Den erstaunlich guten Halt am Stamm, der aus der Kombination von Zehenstellung und den spitzen Krallen resultiert, die große Vertrautheit des Dreizehenspechtes mit dem Menschen sowie die emotionale Distanz der frühen Forscher zu ihrem Studienobjekt.

Kerngeschäft Borkenkäfer

Der Dreizehenspecht frisst unter bestimmten Bedingungen zu mehr als 90 % Borkenkäfer.[56] In Jahren mit geringer Borkenkäferdichte ernährt er sich vor allem von Bockkäferlarven.[65] Im Gegensatz zu den Buntspechten legt er Distanzen von bis zu 1,5 km von der Bruthöhle zu potenziellen Nahrungsplätzen zurück.[55] Die Angaben für die Reviergrößen dieser Art schwanken erheblich von 11 bis 147 Hektar.[7,67]

Rollenteilung der Geschlechter

Beim Dreizehenspecht teilen sich die Geschlechter ihren Lebensraum für die Nahrungssuche noch deutlicher auf als beim Weißrückenspecht.[67] Das dominante Männchen sucht vor allem am Stamm in einer Höhe zwischen 4 und 7 m, wo sich das üppigere Nahrungsangebot befindet. Das Weibchen jagt darüber.[67] Diese Nischenaufteilung verhindert eine interne Konkurrenz und macht die Nahrungssuche effektiver. Die Aufteilung bringt also Vorteile, vor allem in schlechten Zeiten.

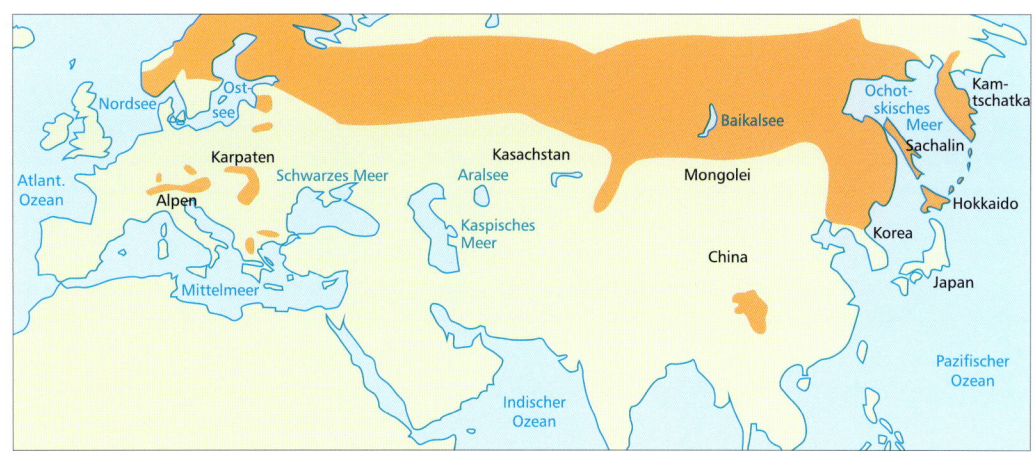

Picoides tridactylus

E: Three-Toed Woodpecker

Gattung: Picoides (Dreizehenspechte)

Körperlänge: 21–22 cm

Flügelspannweite: 32–35 cm

Gewicht: 60–75 g

Stimme: wenig ruffreudig, ruft weicher und tiefer als Buntspecht »güg güpp«

Trommeln: lange Wirbel, die zum Ende hin schneller werden

Lebensraum: Birken- oder Nadelwälder in Gebirgen und der Taiga

Der Dreizehenspecht bewohnt die borealen Nadelwälder der gesamten Paläarktis und die entsprechenden Berwälder Zentraleuropas.

Aufwachsen in einem unwirtlichen Lebensraum

Die Gelege des Dreizehenspechts haben im Durchschnitt weniger Eier als die der anderen Spechtarten. Die Nestlingszeit ist für die Körpergröße äußerst lang, und auch die Mauser ist auf die besonderen Lebensbedingungen eingestellt. Erstaunlicherweise wechseln die kleinen Dreizehenspechte ihre Handschwingen bereits in der Höhle, noch bevor sie sie jemals benutzt haben.[65] Sie sollen gleich voll flugfähig in den kurzen Bergsommer entlassen werden, so die Hypothese.[22,65] Zusätzlich führen Dreizehenspechte ihre Jungen noch ein bis zwei Monate, also fast doppelt so lange wie die anderen Arten.[22,65,69] Unter den oft unwirtlichen Wetterbedingungen in der Taiga oder den Alpen setzen die Altvögel offenbar auf Sicherheit und damit auf intensive Betreuung.

Trotzdem liegt der durchschnittliche Bruterfolg bei nur 1,8 Jungen. Bei anderen Spechtarten beträgt er dagegen rund 3,3 Junge.[53a]

Ähnlich wie der Weißrückenspecht braucht auch der Dreizehenspecht Wälder mit einem hohen Angebot an abgestorbenem Holz, wenngleich er vor allem reine Nadelwälder besiedelt. Des-halb sind seine Höhlen überwiegend in abgestorbenen Fichten zu finden. Da er alljährlich neue Höhlen anlegt, ist er der wichtigste Höhlenlieferant im Bergwald. Rund 33 Festmeter Totholz pro Hektar fanden Untersuchungen für den Schweizer Bergfichtenwald als kritischen Schwellenwert heraus.[1,10] Den Dreizehenspecht sehen Prognosen als den deutlichsten Verlierer der Klimaerwärmung unter den Spechten.

Verlagerung gen Norden

Zwar nehmen mit der globalen Klimaerwärmung zunächst die Borkenkäferbestände zu und die Lebensbedingungen verbessern sich für diese Art. Langfristig wird die Fichte und damit auch der Dreizehenspecht aber deutlich an Areal verlieren, weil sie weiter nach Norden und in größere Höhen abgedrängt wird. Nach dem englischen Klimamodell wird die Art nahezu alle Gebiete außerhalb der Alpen räumen und auch in Skandinavien weiter nach Norden verdrängt werden. Zentraleuropäische Mittelgebirge gehören dann nach diesen Vorhersagen nicht mehr zum Lebensraum der Art.[34]

Ein männlicher Dreizehenspecht mit gelber Haube beobachtet einen Eindringling. Gut erkennbar ist der Einsatz des Stützschwanzes.

Der Schwarzspecht – ein anpassungsfähiger Waldvogel

Der Schwarzspecht ist der größte unter unseren Spechten und auch weltweit gehört er zur Spitzengruppe. Aufgrund seiner Größe und der schwarzen Färbung wird er im Volksmund auch Waldkrähe genannt. Von den Pyrenäen bis nach Japan kommt er vor.

Nadelbäume für die Nahrung

In Europa hat der Schwarzspecht im vergangenen Jahrhundert beträchtliche Areale neu besiedelt. Ein wesentlicher Grund hierfür ist die Veränderung der Forstwirtschaft. Von der Umstellung der Mittelwald- auf die Hochwaldbewirtschaftung und vom verstärkten Nadelholzanbau hat er profitiert. Wurde im Mittelwald die Eiche als Bauholz und Eichellieferantin für die Hausschweine besonders gefördert, kehrte mit dem Hochwald die Rotbuche als beliebtester Höhlenbaum des Schwarzspechts zurück. Die auf die Gewinnung von schwachem Brennholz ausgerichteten Mittelwälder wurden häufig durch die leistungsfähigere Fichte oder Kiefer ersetzt. Vom Nadelholz profitiert der Schwarzspecht, weil er in ihm Rossameisen, Bockkäfer- und Holzwespenlarven findet. Aber auch verschiedene Waldameisenarten kommen häufig in Nadelwäldern vor. Als Winternahrung spielen sie von November bis März eine wichtige Rolle. In der wärmeren Jahreszeit sind sie offenbar zu wehrhaft. Somit ist der Tisch für den Schwarzspecht in diesen Forsten reich gedeckt.

Dicke Buchen für die Höhlen

Sofern hier ein paar ältere Buchenbestände als Höhlenzentren eingestreut sind, findet er seine Bedürfnisse an Nahrung und Brutraum gedeckt. So erreicht die Schwarzspechtpopulation gerade in Waldgebieten mit einem hohen Nadelholzanteil, mit rund 1 bis 1,3 Paaren pro km^2, Dichten wie in slowakischen Buchenurwäldern.[104] Damit ist der Schwarzspecht die einzige mitteleuropäische Spechtart, die sowohl ihr Areal ausgedehnt, als auch ihren Bestand vergrößert hat.[6, 21, 22, 45]

Die Zukunft meistern

Zur Zeit wird wegen des drohenden Klimawandels auf großer Fläche versucht, Fichtenbestände in Wälder aus Laubbäumen oder Douglasien umzuwandeln. Mittelfristig kann sich so die Nahrungssituation für den Schwarzspecht wieder deutlich verschlechtern. In dieser Übergangszeit ist die Forstwirtschaft gefordert, dem potenten Höhlenbauer mit dem Belassen von möglichst viel totem Holz im Wald und dem Erhalt von potentiellen Höhlenbäumen zu helfen. Nach dem englischen Klimamodell verschiebt sich sein Areal Richtung Nordosten.[34] Frankreich wird danach weitgehend

Ein seltenes Bild, das an einer Winterfütterung entstand: Ein Schwarzspechtpaar im finnischen Winterwald.

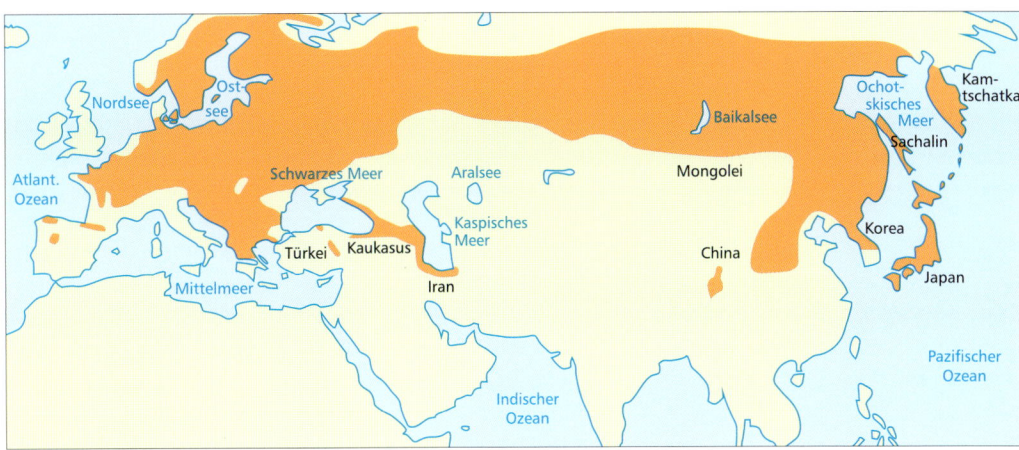

Dryocopus martius

E: Black Woodpecker

Gattung: Dryocopus (Schwarzspechte)

Körperlänge: 45–47 cm

Flügelspannweite: 64–68 cm

Gewicht: 260–340 g

Stimme: »kliööh«, »kwih«
Flugruf »krrü-krrü-krrü«

Trommeln: sehr laut, relativ langsam

Lebensraum: Laub- und Nadelwälder

Bis auf die britischen Inseln ist der Schwarzspecht in der gesamten nördlichen und zentralen Paläarktis verbreitet.

geräumt und auch in Deutschland wird sein Verbreitungsmuster vor allem im Norden und Osten deutlich lückenhafter werden.

In der Jugend auf Wanderschaft

Ausgewachsene Schwarzspechte sind äußerst standorttreu. Ihre Ortskenntnis macht sie erfolgreich. Zumindest haben erwachsene Männchen innerhalb einer Jahresperiode eine Überlebensrate von knapp 80 %. Weibchen liegen bei nur 65 %.[53a] Dass sie bis zu 13 Jahre alt werden, ist dagegen eine Ausnahme.[21] Erstaunlich weit, oft mehr als 500 km, wandern dagegen die Jungvögel. Sie weisen unter unseren drei größten Spechtarten die ausgeprägteste Wandertendenz auf. Im Herbst streichen sie in westliche bis südliche Richtung. Rekordhalter ist ein Schwarzspecht aus Deutschland. Er zog ca. 1000 km weit in das südwestliche Frankreich.[22] Zudem gibt es von Zeit zu Zeit regelrechte Invasionen von Schwarzspechten aus dem skandinavischen Raum.

Charaktervogel unserer Wälder

Im Gelände ist der Schwarzspecht auffällig. Er fasziniert durch seine Größe, seine weittragenden Rufe, seine Spuren und als Wegbereiter für viele Höhlenbrüter. Im Flug kann man ihn leicht erkennen. Er hat einen ungewöhnlich langen Hals und der Kopf wird ein wenig höher getragen als bei anderen Spechten. Auch das sonst für Spechte so typische wellenförmige Flugbild ist bei ihm nicht ausgeprägt.[22]

Da der Schwarzspecht so auffällig ist, eignet er sich besonders für umweltpädagogische Aktivitäten, sei es in Form von Arbeitsmappen oder aber auch von praktischen Unternehmungen, wie der Suche und Markierung seiner Höhlenbäume.

links: Männchen im Flug.
rechts: Weibchen im Flug.

Der Grauspecht – ein wenig erforschter Heimlichtuer

Männchen des Grauspechtes an seiner Bruthöhle. Deutlich ist die rote Kappe an der Stirn zu sehen.

Bodenständige Erdspechte

Der Grauspecht zählt zusammen mit dem Grünspecht zu den »Erdspechten«. So heißen sie wegen ihrer grau-grünen Tarnfärbung und weil sie ihre Nahrung vorwiegend am Boden suchen. Der Grauspecht besiedelt in einem langen, schmalen Band die Laubmischwälder Eurasiens. Im Westen geht er jedoch nicht weiter als in die Bretagne und im Norden bis Südskandinavien. Dabei ist er in Zentraleuropa vor allem in den Mittelgebirgsregionen verbreitet, in die höheren Lagen der Alpen dringt er kaum vor.

Hohe Ansprüche

Grauspechtreviere sind mit 200 bis 300 Hektar im Durchschnitt fast so groß wie die des Schwarzspechts. Allerdings hat der Grauspecht höhere Ansprüche hinsichtlich der Waldstruktur. Sie müssen große, dreischichtige Waldflächen (mit einer Kraut, Strauch- und Baumschicht) mit einem hohen Anteil an alten Eichen und vielen Totholzbäumen beinhalten.[70a] Weiden- und pappelreiche Auwälder mit dichtem Ufergehölz sind ein genauso geeignetes Habitat wie alte, totholzreiche Buchenwälder oder urbane Lebensräume wie Parks oder Friedhöfe.[31]

Ameisen sind gefragt

Besonders beliebt sind sonnige Magerrasenflächen oder Flächen mit einer ausgeprägten Krautschicht, zahlreichen Totholzstümpfen oder Wurzeltellern.[70a] All diese Strukturen sind

Das Weibchen des Grauspechtes weist keinerlei Rotfärbung auf.

Grundlage für üppige Ameisenvorkommen und damit ein deutlicher Hinweis darauf, dass Ameisen eine zentrale Rolle in der Nahrungswahl des Grauspechts spielen. Insgesamt ist aber der Grauspecht auf Ameisen weniger stark spezialisiert als der Grünspecht. Sein Nahrungsspektrum reicht

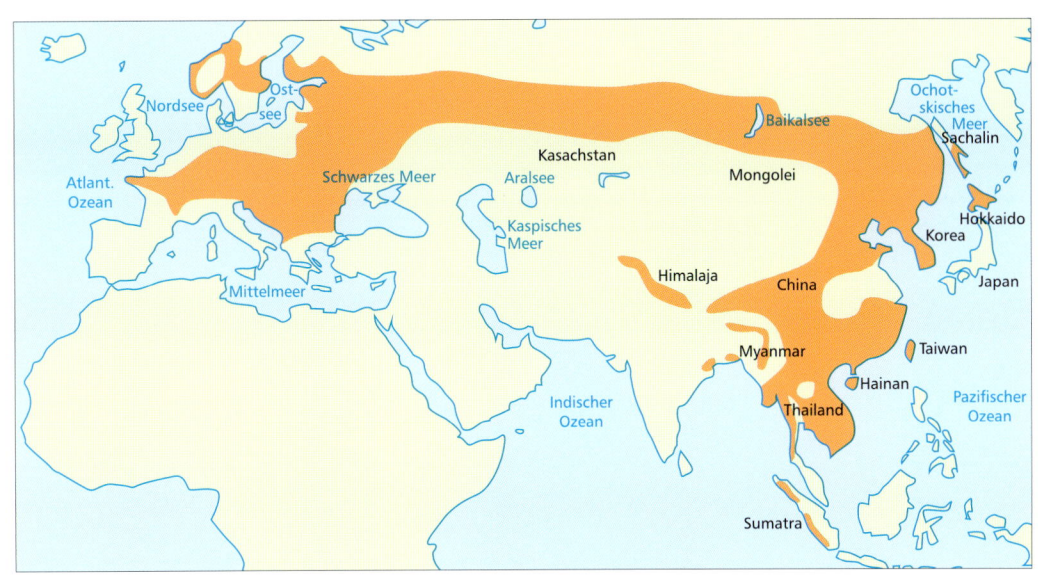

Picus canus

Picus canus

E: *Grey-Headed Woodpecker*

Gattung: Picus (Erdspechte)

Körperlänge: 25–27 cm

Flügelspannweite: 38–40 cm

Gewicht: 125–160 g

Stimme: traurige, nicht kehlige »gügü-gü«-Rufe 20–40 mal wiederholt, leise »glück« Rufe

Trommeln: gleichmäßige, 2 sek. lange Wirbel mit 20 Schlägen/sek.

Lebensraum: lichte Laubwälder

Der Grauspecht ist anders als seine Geschwisterart über weite Teile der Paläarktis verbreitet. Seinen Schwerpunkt bildet der Laubwaldgürtel, den er bis in die Koreanische Halbinsel besiedelt.

von Schmetterlingsraupen über Heuschrecken bis zu Holz bewohnenden Käferlarven, die er besonders an Alteichen und stehendem, starkem Totholz findet.

Wegen der vielseitigeren Ernährung ist seine Zunge verglichen mit der seines nahen Verwandten kürzer und breiter. Sie dient zum flächigen Aufsammeln von schwärmenden Ameisen, aber auch zum Herausholen von Beute aus Spalten und morschem Holz. Vergleicht man die Anwendung der Zungen von Buntspechten mit der von Grau- oder Grünspechten könnte man bei ersterem bildlich von einem Speer und bei zweiteren von einem Lasso sprechen.[69] Typisch für alle Ameisenjäger unter den Echten Spechten ist, dass sie das Futter für ihre Jungen im Kropf speichern. Dadurch können sie weiter von der Höhle entfernt liegende üppige Nahrungsquellen nutzen und größere Mengen transportieren. Daher reichen 20 Fütterungen pro Tag aus.[22]

In Wintern mit hoher Schneelage sichern verschiedene im weichen Totholz lebende Arten seine Existenz. Er profitiert auch von der Aktivität des kräftigeren Schwarzspechts, der Ameisennester unter dem Schnee freilegt und Rossameisennester in Fichtenstämmen öffnet.

Melancholische Musiker

Die gezielte Suche nach Grauspechten gestaltet sich nur im Frühjahr während der Balz als relativ einfach, weil dann seine Balzrufe weithin zu hören sind. Die Tonreihe ist abfallend, dabei langsamer und flacher als beim Grünspecht. Insgesamt wirkt die Stimme daher leicht melancholisch. Selbst wenn man nur mit bescheidenen Pfeif-Fähigkeiten ausgestattet ist, lässt sich der Ruf doch noch so treffend nachahmen, dass anwesende Grauspechte zur Balzzeit antworten. Auch auf die Klangattrappe reagiert er intensiv. Grauspechte trommeln regelmäßig.

Hybride aus Grau- und Grünspecht

Der Grauspecht ist so nahe mit dem Grünspecht verwandt, dass es wie bei Bunt- und Blutspecht immer wieder zu Verpaarungen kommt. Die Nachkommen (Hybriden) stiften wegen der Merkmalsmischung oftmals Verwirrung unter Vogelbeobachtern. Hybride von Grün- und Grauspecht weisen eine grünspechttypische rote Haube, aber keinerlei Rot in der Gesichtsmaske auf.[80] Somit besteht also große Verwechslungsgefahr mit einem Grünspechtweibchen, das aber deutlich mehr Schwarz in der Maske hat. Im Flug unterscheidet sich der Grauspecht vom Grünspecht durch die flacheren Bögen der Flugbahn und sein agileres Erscheinungsbild.

Prognosen des Klimaatlasses sagen eine Nordostverschiebung seines Areals im Laufe des 21. Jahrhunderts voraus. In Zentraleuropa verinselt danach sein Vorkommen zunehmend. Der Alpenraum bleibt als Refugium bedeutend.[34]

Der Grünspecht – ein farben-
froher Glücksbringer

Die Wangenstreifen von Grünspechtmännchen sind deutlich rot gefärbt.

Ein Freund von Obstgärten

Die alte Kulturlandschaft entlang der Ortsränder mit ihren großkronigen Baumreihen und dem hochstämmigen Streuobst ist sein Reich. Im Frühjahr erklingt hier immer wieder der entfernt an schallendes Gelächter erinnernde Balzruf des Grünspechts. Doch aus der Nähe sieht man ihn selten. Er ist scheu und versteckt sich immer wieder hinter einem Baumstamm. An seinem ausgeprägt wellenartigen Flug, bei dem er die Flügel zwischen zwei Schlagphasen vollständig anlegt, ist er auch von weitem gut zu bestimmen.

Der Specht mit der Räubermaske

Sein farbenfrohes Gefieder mit der feuerroten Kopfhaube, der schwarzen Augenmaske mit dem Bartstreif um das helle Auge und der kanariengelbe Steiß machen ihn zu einem auffälligen Vogel. »Zorro« oder den »Specht mit der Räubermaske« nennt man ihn daher liebevoll in manchen Gegenden. Sogar mit einem Papagei wird er von Laien hin und wieder verwechselt. Aufgrund seiner grünen Zeichnung im Rückenbereich ist er auf Wiesen trotz seiner Farbenprächtigkeit erstaunlich gut getarnt. Der auffällig rote Kopf ist durch die Nahrungssuche im Boden meist ohnehin nicht zu sehen. Neben dem Wendehals ist er die Spechtart mit der engsten Bindung an Ameisen[55] und den Boden als Ort der Nahrungssuche.

Der Ameisenliebhaber

Als Anpassung an seine Ameisennahrung hat er eine 10 cm über den Schnabel hinausreichende,

Dem Weibchen des Grünspechts fehlt das Rot in den Wangenstreifen.

besonders klebrige Zunge, mit der er in das Innere von Ameisenburgen vordringt, um sie in allen Entwicklungsstadien zu erbeuten. Ob der Grün- oder der Grauspecht stärker unter schneereichen Wintern leidet, ist umstritten. Die einen Wissenschaftler meinen, der größere Grünspecht könne sich besser helfen, da er die Ameisennester intensiver nutzt, wohingegen andere den Grauspecht im Vorteil sehen, da er ein weiteres Nahrungsspektrum besitzt.[22,45]

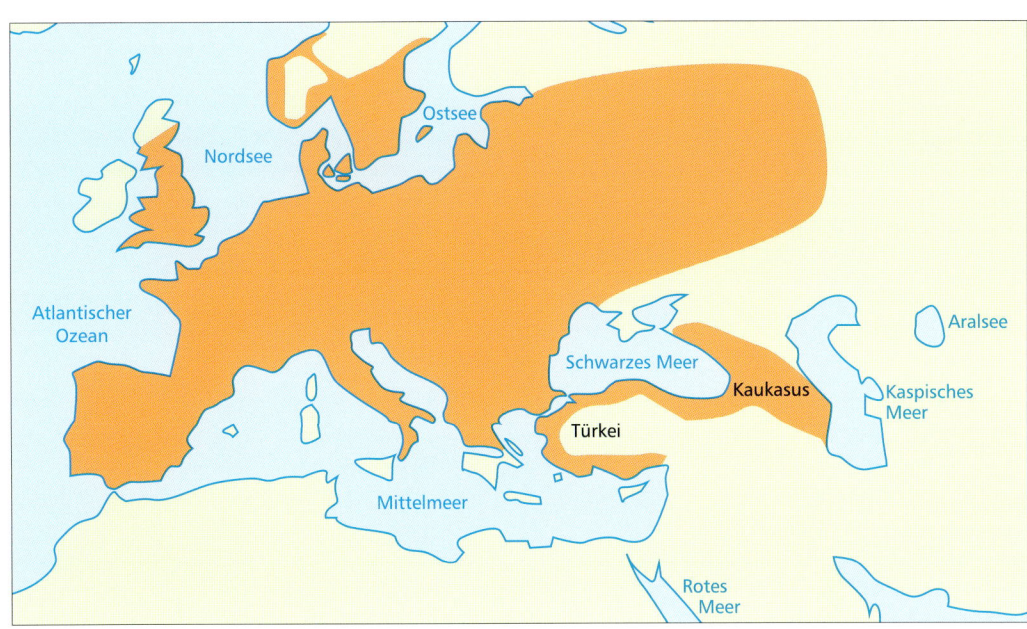

Picus viridis

E: Green Woodpecker

Gattung: Picus

Körperlänge: 31–33 cm

Flügelspannweite: 40–42 cm

Gewicht: 170–200 g

Stimme: kehlige »glückglückglück« Rufe, senkt Töne nicht ab

Trommeln: trommelt sehr selten

Lebensraum: lichte Laubwälder, größere Gärten und Parks, Kulturlandschaft mit verstreuten Bäumen, Obstgärten

Ein echter Europäer ist der Grünspecht mit seinem westpaläarktischen Verbreitungsschwerpunkt.

Junge Grünspechte haben ein gepunktetes Gefieder und nur eine schwache Rotfärbung am Kopf und gegebenenfalls an der Wange (falls es sich wie hier, um ein Männchen handelt).

Rufe statt Trommelzeichen

Grünspechte trommeln nicht zur Reviermarkierung, sondern meist nur ganz leise im unmittelbaren Bereich der Bruthöhle zur Nahverständigung mit dem Partner. Dafür ruft der Grünspecht umso ausdauernder. Hierzu wählt er sich oft die Spitze eines hohen Baumes, von der die Rufe besonders weit zu hören sind.

Bäume braucht der Grünspecht vor allem zum Höhlenbau. Dabei sind sie keine eifrigen Zimmerer. Geeignete Höhlen werden daher über viele Jahre genutzt. Gibt es weitere Interessenten an der Höhle, setzten sich Grünspechte in der Regel durch, weil sie die auserkorene Bruthöhle bereits vor der Brut permanent bewachen. In Obstbäumen legt der Grünspecht seine Höhlen oft in erstaunlich geringer Höhe an. Liegt sein Revier aber in einem geeigneten Hochwald, findet man die Höhlen mit ihren ca. 6 cm großen, kreisrunden Einflöchern auch bis in eine Höhe von 10 m. Bevor die Höhle bezogen wird, kommt es zu lan-

gen Klü-klü-Rufreihen und es folgt ein umfangreiches Zeremoniell zur Inbesitznahme.

Fast ein echter Europäer

Typisch für sein Habitat ist die Vernetzung von Altbaumbeständen mit Wiesen. Ist diese Struktur gegeben, kommt er vom Flachland bis zur Waldgrenze auf 2000 m Höhe vor. Auch Lawinenbahnen sind ein solches offenes Habitat und werden besiedelt. Der Schwerpunkt seines Vorkommens liegt aber tendenziell in den tieferen Lagen. Betrachtet man das Areal des Grünspechts wird klar, dass er zusammen mit dem Mittelspecht die einzige Spechtart ist, deren Verbreitung sich weitgehend auf Europa beschränkt.

Der Vogel-Klimaatlas prognostiziert für die Zukunft des Grünspechts eine deutliche Verlagerung des Areals Richtung Norden, während der Südteil der Iberischen Halbinsel und Italien nahezu vollständig als Lebensraum verloren gehen.[34]

Der Wendehals – eine ganz besondere »Klasse« von Specht

Der Ausnahmespecht

Der Wendehals als einziger heimischer Vertreter seiner Unterfamilie ist im Vergleich zur Unterfamilie der Echten Spechte fast immer eine Ausnahme. So lebt der Wendehals nicht im geschlossenen Wald und ihm fehlt der Stützschwanz, der ihm ein müheloses Klettern am Stamm ermöglichen würde. Ganz gleich ob in Latein (torquilla), auf Englisch (wryneck) oder Deutsch, sein markantestes Merkmal drückt sich in seinem Namen aus. Er kann seinen Hals um bis zu 180 Grad drehen.

Der Wendehals kann seinen Kopf um bis zu 180 Grad verdrehen.

Der Vogel der Liebe

Jynx, so lautet der wissenschaftliche Gattungsname des Wendehalses. Er nimmt Bezug auf eine griechische Sage. Jynx war die Dienerin der Io. Die schöne Io wiederum war Priesterin der Hera. Zeus, der mächtige Göttervater und Gatte der Hera, stets auf erotische Abenteuer aus, hatte ein Auge auf Io geworfen. Als Dienerin arrangierte Jynx – nicht ganz freiwillig – ein Treffen zwischen Zeus und Io. Dies sollte sie teuer zu stehen kommen. Die eifersüchtige Hera verfolgte nicht etwa ihren Mann, sondern ihre Konkurrentin und deren Dienerin. Sie verwandelte kurzerhand Jynx zur Strafe in einen unscheinbaren Vogel und Io in eine Kuh. So wurde der Wendehals zum Symbol der Liebesanbahnung. Mit seiner Hilfe, so war man sich sicher, könne man auch Liebe erwecken. Daher auch das Sprichwort Jemandem den Kopf verdrehen. Der zweite Teil des lateinischen Namens des Wendehalses heißt tor-quilla, was denn auch tatsächlich soviel wie drehen, verdrehen bedeutet.[86] Bei Gefahr spreizt er Schwanz, Kopffedern und Flügel um sein Erscheinungsbild zu vergrößern, streckt den Hals vor, verdreht seinen Kopf, schlägt mit der Zunge und gibt schlangenartige Zischlaute von sich.[45] All das soll einen möglichen Fraßfeind beeindrucken.

Schlichtes Gefieder

Der Wendehals unterscheidet sich auch vom Erscheinungsbild deutlich von den Echten Spechten. Seine Statur erinnert eher an Vertreter der Familien der Bart- und Faulvögel. Sein unauffällig gräulich-braun gefärbtes Gefieder ist weicher und ähnelt dem von Eulen oder Ziegenmelkern. Der lange Schwanz ist wie bei vielen Singvögeln für einen ausdauernden Flug konzipiert, was nicht weiter verwundert, da er ein Langstreckenzieher unter den Zugvögeln ist. Entsprechend spät erscheint der Wendehals in seinem Brutrevier. Oft wird es Anfang April bis man seine fast turmfalkenartige Stimme bei uns wieder vernimmt. Sein ursprünglicher Lebensraum sind »Katastrophenflächen«, die durch Stürme oder Waldbrände verursacht wurden und sich erst allmählich wieder bewaldeten. Aber auch sonnendurchflutete, lichte Eichen- oder Kiefernwälder, meist auf trockenen Südhängen, gehören zu seinen primären Habitaten. Im Nationalpark Harz siedelte er sich in jüngster Vergangenheit auf Kahlflächen an, die aus dem großflächigen Zusammenbruch von Fichtenbeständen hervorgingen.

Schwindendes Streuobst

Streuobstwiesen sind für den Wendehals ebenso wie für den Kleinspecht und den Grünspecht ein Sekundärlebensraum, der der lückigen, lichtdurchfluteten Struktur von Zerfallsphasen in von Lichtbaumarten geprägten Urwäldern entspricht. Diese bieten die besten Lebensbedingungen für

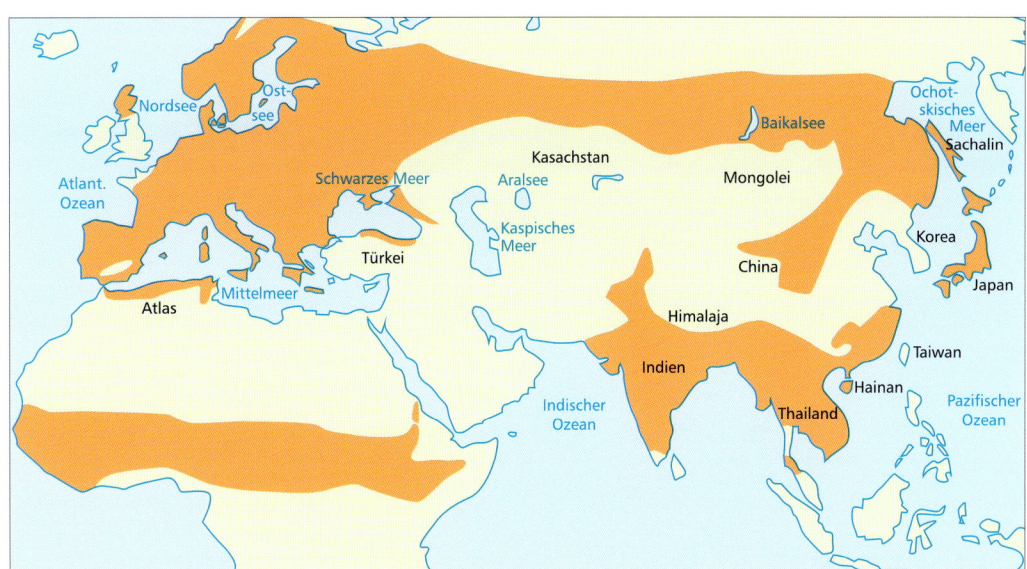

Jynx torquilla

E: Wryneck

F: Torcol fourmilier

Gattung: Wendehälse

Körperlänge: 16–17 cm

Flügelspannweite: 25–27 cm

Gewicht: 30–40 g

Stimme: Balzruf: anschwellende, monotone »gjägjägjä«-Reihen, Warnrufe: »teck, teck«

Lebensraum: Gärten, Streuobstwiesen, Parks, baumreiche Parklandschaften

seine mit Abstand wichtigste Beute: die Wiesenameisen. Vor allem die schwarzgraue Wegameise und die Rasenameise dominieren seinen Speiseplan.[45]

Um sie zu erbeuten, öffnet er die Ameisenhaufen mit Schnabelhieben, wühlt mit seiner Zunge, die wie eine »Leimrute« eingesetzt wird, umher und befördert die Beutetiere in den Schnabel.

Das Schicksal des Wendehalses und der Streuobstanbau sind bei uns eng miteinander verbunden. So hatte der Streuobstanbau noch in der ersten Hälfte des 20. Jahrhunderts eine große kulturelle Blüte. In weiten Teilen Süd- und Mitteldeutschlands war er landschaftsprägend und von enormer wirtschaftlicher und ökologischer Bedeutung. Der Wendehals war so häufig, dass man ihn einst als überlegenen Höhlenkonkurrenten für eine Bedrohung der Meisenpopulation hielt.[45] Die einstmals weit verbreiteten Streuobstwiesen, die nahezu jeden Ort einsäumten, haben seit den 1960er Jahren um 70 % an Fläche verloren. Als Flächenreserve der sich ausdehnenden Städte befinden sich heute an deren Stelle die Neubausiedlungen und Industriegebiete. Die wenigen verbliebenen extensiven Wiesen werden kaum mehr

beweidet oder gemäht, was dazu führt, dass die Ameisenhaufen wegen des ungünstigen Kleinklimas verschwinden. Kein Wunder also, dass der Wendehals in der neuen Roten Liste als »stark gefährdet« hochgestuft wurde.

Existenzgrundlage Ameisen

Nur auf Wiesen mit kurzer Grasdecke kann er die Ameisenhaufen mit hastigen Schnabelhieben öffnen und dann deren Bewohner und ihre Brut mit seiner klebrigen Zunge in den Schnabel befördern. Als Nahrungsspezialist besteht seine Nestlingsnahrung zu 98 % aus Ameisen der verschiedensten Entwicklungsstadien.[45] Gelegentlich verfüttert er auch Glasscherben und Porzellanteile an seinen Nachwuchs – manchmal mit tödlichen Folgen für die Jungen.[22] Der Grund für dieses Verhalten ist unklar. Manche Autoren spekulieren, er verwechsle sie mit bunten Käfern oder er wolle Schneckengehäuse aus Kalk für die Knochenbildung verfüttern. Andere vermuten, dass es sich um vermeintliche Magensteine handeln könnte, die bei der Verdauung helfen sollen.[22]

Ein Specht der keine Höhle baut

Als Höhlenbrüter benötigt der Wendehals eine Bruthöhle, die er sich aber, auch wieder ganz spechtuntypisch, nicht selbst zimmern kann. Bei der Wahl der Höhle ist er keineswegs wählerisch. Wendehalsbruten finden sich in Specht- oder Faulhöhlen, in den Bruthöhren von Eisvogel und Uferschwalbe ebenso wie in künstlichen Nisthilfen. Durch seine späte Rückkehr aus dem Winterquartier, die als Anpassung an die Biologie seiner Ameisenbeute verstanden werden muss, findet der Wendehals oftmals keine passende, freie Höhle. Er ist bekannt dafür, dass er die Höhlen von Meisen und Staren kurzerhand okkupiert und die Gelege oder Jungvögel aus der Höhle wirft. Alte Nester räumt er aus der Höhle, um wie die Verwandtschaft auf dem blanken Höhlenboden zu brüten.[30a]

Nicht gerade musikalisch

Sofort nach der Ankunft aus dem Winterquartier beginnen beide Geschlechter besonders in

Fütterungsszene mit beiden Altvögeln an der Bruthöhle. Der gerade eingetroffene Partner hat den Schnabel voller Ameisenpuppen.

Brüten ab. Auch die Brutzeit mit 12 bis 14 Tagen und die Nestlingszeit mit etwa drei Wochen ähneln wiederum den anderen heimischen Spechten.

Zwei Bruten möglich

Dieser Gemeinsamkeit folgt aber schon die nächste Ausnahme: Zumindest im südlichen Teil des Brutgebietes, etwa bis auf die Höhe von England, sind beim Wendehals zwei Jahresbruten möglich. Tendenziell wird die Wahrscheinlichkeit der Zweitbrut immer geringer, je weiter man Richtung Norden gelangt. Die Mauser erinnert an die echten Spechte. Sie verlieren die innersten Handschwingen wenige Tage nachdem sie das schützende Nest verlassen haben. Kaum 7 bis 8 Wochen alt, sind bereits alle Handschwingen ausgefallen und nach weiteren 6 bis 8 Wochen vollständig erneuert. Die Schwanzfedern mausern sie wie die Echten Spechte, obwohl dies keine funktionelle Bedeutung hat, sondern stammesgeschichtlich begründet ist.[30a]

Reise nach Afrika

Als einziger heimischer Spechtartiger ist der Wendehals ein Zugvogel – noch dazu ein Weitstreckenzieher, dessen europäische Population in der Sahelzone überwintert. Das ist ein weiterer Grund für seinen Rückgang. Über alle Familien und Lebensräume hinweg sind Langstreckenzieher besonders gefährdet. Zumindest geographisch ist der Wendehals aber weit verbreitet, wenn auch oft nur punktuell. Sein Areal erstreckt sich von der Iberischen Halbinsel über den Ural und Sibirien bis ans Ochotskische Meer und vom mediterranen Nordafrika bis über den finnischen Polarkreis. Treffen die Prognosen des Klimaatlasses ein, so wird sich das Areal des Wendehalses nach Norden verschieben. Südengland und nördliche Teile Skandinaviens und Russlands werden besiedelt, während die Art in Spanien und großen Teilen Italiens nicht mehr vorkommen wird.[34]

den Morgenstunden mit den monotonen, lauten Gjä-gjä-Rufen. Bei hoher Balzintensität sind die Gesänge sogar den ganzen Tag über zu hören. Hiermit lockt er Geschlechtspartner an und macht auf seine Bruthöhle aufmerksam. Findet sich ein Artgenosse, beginnt das eigentliche Balzritual. Während der Neuankömmling singt, präsentiert der Höhlenbesitzer mit zartem Klopfen und Trommeln am Höhleneingang seine Bruthöhle. Oft hört man dann auch die Partner im Duett singen.

Eier im Dutzend

Hat sich das Paar endgültig auf eine Höhle geeinigt, legt das Weibchen bis zu 14 Eier – ein absoluter Rekord unter den Spechtartigen. Entsprechend klein und leicht sind die Eier. Mit rund 2 g wiegen sie nur rund 5 % des Altvogels.[30a] Die große Zahl an Eiern kommt aber nicht von ungefähr. Sie deutet auf die großen Verluste auch während der Wanderung in das Winterquartier hin. Ganz nach Spechtart wechseln sich beide Geschlechter beim

Spechte in Zahlen

Spechte sind äußerst plastisch. Damit reagieren sie auf wechselnde Angebote an Brutplätzen und Nahrung äußerst flexibel. Dennoch gibt es gewisse Grundmuster bzw. Vorlieben der einzelnen Arten, die hier schematisch dargestellt sind. Die Brutplatzwahl ist meist ein Kompromiss zwischen Arbeitsaufwand beim Höhlenbau und Sicherheitsbedürfnis. Ist die Höhle leicht zu bearbeiten weil der Baum stark zersetzt ist, kostet es wenig Energie, aber die Gefahr dass der Baum bricht oder dass das Gelege ausgeraubt wird, ist hoch. Was möglich ist, wird maßgeblich von der Körpergröße der Art und dem Angebot an potenziellen Höhlenbäumen bestimmt. Im Prinzip bevorzugen alle Arten mehr oder weniger vorgeschädigtes Holz, überwiegend von Laubbäumen.
Abkürzungen: Maßangaben jeweils in cm. Weichl. = Weichlaubbäume (Weiden, Aspe, Pappeln), EU VSRL= EU Vogelschutzrichtlinie, BNatSchG = Bundesnaturschutzgesetz, BArtSchV. = Bundesartenschutzverordnung

	Klein-specht	Mittel-specht	Bunt-specht	Blut-specht	Weißrücken-specht	Dreizehen-specht	Schwarz-specht	Grau-specht	Grün-specht	Wendehals
Brutbiologie										
Gelegegröße[30a,7,8,21]	4–6	5–7	4–8	4–7	3–5	3–4	3–6	7–9	5–8	7–14
Brutdauer[30a,7,8]	10–12	10–14	8,5–11 **Ruge**	10–11	ca. 11	ca. 11	12–14	14–15	14–15	12–14
Nestlingszeit[30a,7,8]	19–21	23–25	20–23	21–24	27–28	22–26	27–28	24–25	23–26	20–22
Nesterfolg %[53a]	78	74	79	o. A.	84	75	80	o. A.	85	o. A.
Durchschn. Anzahl ausfl. Junge[53a]	4,2	4,1	3,4	o. A.	2,8	1,8	3,3	o. A.	3,9	o. A.
Führungsdauer[7,8,21]	8–10	10–17	8–10	o. A.	7–14	30–60[Ruge]	ca. 30	ca. 30	21–30	10–14
Länge der Höhle[21,69]	10–18	21–34	35	34	25–37	26–30	31–55	15–36	26–55	–105
Innendurchmesser der Höhle[21,69]	10–12	12	13	11,4	15–18	10–13	> 25	9–12,5	15–20	6,5–>25
Eingangsdurchmesser[69]	3,2	3,2–4,5	4,5–5,7	3,5–5,0	5,5	4,2–4,5	8,5 x 13	5,4–5,9	6,5	3,5–5
Höhlenbaum[21]	Laubbaum oft Weichl.	Laubbaum	Laubbaum	Laubbaum oft Weichl.	Laubbaum	Nadelholz	v. a. Buche, Kiefer, lebend	Laubbaum oft Weichl.	Laubbaum oft Weichl.	Laubbaum
Hauptnahrung[22]										
Ameisen							Waldameisen Rossameisen	Wiesenameisen Waldameisen	Wiesenameisen Waldameisen	Wiesenameisen
Holzbewohnende Käferlarven	ja	nein	ja	ja	ja	ja	ja	ja	nein	nein
Auf Blattoberfläche lebende Raupen	Für Jungen-aufzucht	Für Jungen-aufzucht	Für Jungen-aufzucht		nein	nein	nein	nein	nein	nein
Früchte				auch für Jungen aufzucht						
Baumsamen	nein	Hainbuche, Buchecker	Fichte, Kiefer, Lärche, Hasel, Walnuss		Im südl. Verbreitungsgebiet: Hasel	nein	nein	nein	nein	nein
Baumsaft	nein	ja	ja	nein	nein	ja	nein	nein	nein	nein
Schutzstatus	BNatSchG besonders geschützt	EU VSRL Anhang I BNatSchG (BArtSchV) besonders geschützt streng geschützt	BNatSchG besonders geschützt	EU VSRL Anhang I BNatSchG besonders geschützt streng	EU VSRL Anhang I BNatSchG besonders geschützt streng geschützt	EU VSRL Anhang I BNatSchG (BArtSchV) besonders geschützt streng geschützt	EU VSRL Anhang I BNatSchG (BArtSchV) besonders geschützt streng geschützt	EU VSRL Anhang I BNatSchG (BArtSchV) besonders geschützt streng geschützt	BNatSchG (BArtSchV) besonders geschützt streng geschützt	BNatSchG (BArtSchV) besonders geschützt streng geschützt

Literaturverzeichnis

1. Aulen, G. & Carlson, A. (1990): Demography of a declining White backed Woodpecker population. In: Carlson, A. & Aulen, G.: Conservation and management of woodpecker populations. Proc. Int. Woodpecker Sympos. Swedish Univ. Agric. Sci., Dept. Wildlife Ecology, Report 17. Uppsala.

2. Backhouse, F. (2005): Woodpeckers of North America. Firefly, Ontario.

3. Bauer, H.-G., Bezzel, E. & Fiedler W. (2005): Das Kompendium der Vögel Mitteleuropas. Nonpasseriformes – Nichtsperlingsvögel. Bd.1. Aula-Verlag, Wiesbaden.

4. Bergmann, H.-J., Helb, H.-W., Baumann, S. (2008): Die Stimmen der Vögel Europas. Aula Wiebelsheim.

5. Becker, M. & Jegen, H. (2008): Aufs Gefieder gespechtet. Federmerkmale von Bunt-, Mittel- und Kleinspecht. Der Falke 55: 210–215.

6. Bezzel, E., Geiersberger, I., Lossow, G., Pfeifer, R. (2005): Brutvögel in Bayern. Ulmer, Stuttgart.

7. Blume, D. & Tiefenbach, J. (1997): Die Buntspechte. Neue Brehm-Bücherei. Westarp Wissenschaften Magdeburg.

8. Blume, D. (1996): Schwarzspecht, Grünspecht, Grauspecht. Neue Brehm-Bücherei. Westarp Wissenschaften Magdeburg.

9. Bock, W. J. (1999): Functional and evolutionary morphology of woodpeckers. The Ostrich 70: 23–31.

10. Bütler, R., Angelstam, P., Eklund, P. & Schlaepfer, R. (2004): Dead wood treshold values for the treetoed woodpecker presence in boreal and sub-Alpine forest. Biological conservation. 119: 305–318.

11. Brünner-Garten, K. (1997): Wie viele Spechtbäume gibt es in Wirtschaftswäldern? Forst-Info 21.

12. Bussler, H., Blaschke, M., Dorka, V., Loy, H., Strätz, C.: Auswirkungen des Rothenbucher Totholz-und Biotopbaumkonzepts auf die Struktur-und Artenvielfalt in Rot-Buchenwäldern. Waldökologie online. 4: 5–58.

12a. Deutsche Wildtierstiftung (2004): Der Schwarzspecht – Indikator intakter Waldökosysteme? Tagungsband zum Schwarzspecht-Symposium.

13. Fayt, P., Machmer, M. & Steeger, Ch. (2006): Regulation of spruce bark beetle by woodpeckers – a literature review. Forest Ecology and Management. 1–14.

14. Flade, M: (1994): Die Brutvogelgemeinschaften Mittel- und Norddeutschlands – Grundlagen für den Gebrauch vogelkundlicher Daten in der Landschaftsplanung. IHW-Verlag, Eching.

15. Frank, R. (1997): Zur Dynamik der Nutzung von Baumhöhlen durch ihre Erbauer und Folgenutzer am Beispiel des Philosophenwaldes in Gießen an der Lahn. Vogel und Umwelt 9: 59–84.

16. Frank, G. (2002): Population census and ecology of the White-backed woodpecker in the Natura 2000 area »Ötscher-Dürrenstein«. In: Pechacek, P. & d'Oleire-Oltmanns (Hrsg.): International Woodpecker Symposium. 49–56.

17. Fritz, H. G. (1998): Erfolgskontrolle in südhessischen Altholzinseln im Forstamt Seeheim-Jugenheim: Teil I: Die Baumhöhlen- und Strukturkontrolle. Collurio 16: 76–87.

18. Gatter, W. (2000): Vogelzug und Vogelbestände in Mitteleuropa. Aula Verlag Wiebelsheim.

19. Gattiker, E & L. (1989): Die Vögel im Volksglauben. Aula Verlag, Wiesbaden.

20. Gesner, C. (1669): Vollkommenes Vogelbuch. Nachdruck des Originals.

21. Glutz von Blotzheim U. N. (Hrsg.) (1980): Handbuch der Vögel Mitteleuropas. Bearb. u. a. von Glutz von Blotzheim, U & Bauer K. M. Bd. 9: Columbiformes-Piciformes. Akadem. Verlagsges., Aula-Verlag, Wiesbaden.

22. Gorman, G. (2004): Woodpeckers of Europe. A Study of the European Picidae. Trowbridge.

23. Grimm, Gebr. (1968): Deutsche Mythologie. Band II.

24. Günther, E. (1992): Zum Ringeln der Spechte im Nordharz (Sachsen-Anhalt). Ornithol. Jber. Mus. Heineanum 10: 55–62.

25. Günther, E. & Hellmann, M. (1991): Zum Vorkommen und zur Nistökologie baumbrütender Mauersegler Apus apus im Nordharz. Acta ornithoecologica 3: 261–275.

26. Günther, E. & Hellmann, M. (1995): Die Entwicklung von Höhlen der Buntspechte Picoides in naturnahen Laubwäldern des östlichen Harzes (Sachsen-Anhalt): Ergebnisse mehr als zehnjähriger Untersuchungen zur Nutzung natürlicher Baumhöhlen. Ornithol. Jber. Mus. Heineanum 13: 27–52.

27. Günther, E. & Hellmann, M. (2001): Spechte als »Schlüsselarten« – ein Schlüssel für wen? Abh. Ber. Mus. Heineanum 5, Sonderheft: 7–22.

28. Günther, V. (2005): Untersuchungen zur Ökologie und zur Bioakustik des Schwarzspechtes (Dryocopus martius) in zwei Waldgebieten Mecklenburg-Vorpommerns. Abschlussbericht.

29. Hagemeijer, W. J. M. & Blair, M. J. (1997): The EBCC Atlas of European Breeding Birds. Their Distribution and Abundance. T. & A. D. Poyser. London.

30. Hilden, O. (1987): Finnish winter bird census: long term trends in 1956–1984. Acta Oecol. Gener. 8: 157–168.

30a. Heinroth, O. & Heinroth, M. (1926): Die Vögel Mitteleuropas. Bermühler Verlag. Bd. 1: Sperlingsvögel – Spechte.

31. Hölzinger, I. & Mahler (200 1): Die Vögel Baden-Württembergs Bd. 2.3: Nicht-Singvögel 3, Ulmer, Stuttgart.

32. Hogstad, O. & Stenberg, I. (1997): Breeding success, nestling diet and parental care in the White backed Woodpecker Dendrocopos leucotos. J. Ornithol.138: 25–38.

33. Höntsch, K. (2001): Brut- und Schlafhöhlen des Kleinspechts Picoides minor. Abh. Ber. Mus. Heineanum 5, Sonderheft: 107–120.

34. Huntley, B., Green, R.E. Collingham, Y.C., Willis, S.G. (2007): A climatic atlas of European breeding birds. Durham University, RSPB and Lynx Edition.

35. Jackson, I.A. (1979): Tree surfaces as foraging substrates for insectivourous birds. Pages 69–93. In: The Role of Insectivorous Birds in Forest ecosystems. Academic press. New York.

36. Jarzabek, A. (2005): Baumhöhlen als Schlüssellebensraum für xylobionte Käfer in Buchenwäldern. Dipl. arb. FH Weihenstephan.

37. Jedicke, E. (1997): Buchen-Altholzinseln als Naturschutz-Instrument im Wald. Avifauna und Habitatstruktur im Vergleich mit Wirtschaftswäldern – Erfolgskontrolle eines Schutzprogramms an Beispielen aus Nordwesthessen. Vogel und Umwelt 9 (1–4): 93–117.

38. Jedicke, E. (1997): Spechte als Zielarten des Naturschutzes: Ökologie und Verbreitung, Eignung als Indikatoren, Methoden der Gefährdungsanalyse. Vogelkdl. H. Edertal 23: 5–43.

39. Kanold, A. & Rohrmann, N. (2007): Einfluss von Totalschutzgebieten auf das Höhlenangebot (Baumhöhlen) im Nationalpark Bayerischer Wald. Dipl. Arb. FH Weihenstephan.

40. Kirby, V. C. (1980): An adaptive modification in the ribs of woodpeckers and piculets (Picidae). The Auk 97 (3): 521–532.

41. Kuhrt, N. & Meichsner, I. (2008): Warum kriegt der Specht kein Kopfweh? Dumont. Köln.

42. Lederer, R. (2007): Amazing Birds. Barrons, New York.

42a. Lefebvre, L., Reader, S., Sol, D. (2004): Brains, Innovations and Evolution in Birds and Primates. Brain Behav. Evol. 63: 233–246.

43. Löhrl, H. (1977): Nistökologische und ethologische Anpassungserscheinungen bei Höhlenbrütern. Vogelwarte 29, Sonderh.: 92–101.

44. Martin, K. & Eadie, J.M. (1999): Nest web: a community wide approach to the management and conservation of cavity-nesting forest birds. Forest ecology and management 115: 243–257.

45. Maumary, L. Valiotton, L., Knaus, P. (2007): Die Vögel der Schweiz. Schweizerische Vogelwarte, Sempach u. Nos Oiseaux, Montmollin.

46. Michalek, K. & Winkler, H. (1997): Hacken und Klettern – ein Leben am Baum. Der Falke 44: 4–9.

47. Moning, C. & Müller, J. (2008): Environmental key factors and their tresholds for the avifauna of temperate montane forests. Forest ecology and management 256: 1198–1208.

48. Müller, J. (2005): Waldstrukturen als Steuergröße für Artengemeinschaften in kollinen bis submontanen Buchenwäldern. Diss. TUM.

49. Noeke, G. (1990): Dichte und Eigenschaften natürlicher Baumhöhlen in älteren Buchenbeständen. Forst und Holz 45: 467–470.

50. Noeke, G. (1990): Abhängigkeit der Dichte natürlicher Baumhöhlen von Bestandesalter und Totholzangebot. Naturschutz Zentr. Nordrh.-Westf. Seminarber. 10: 51–53.

51. Österreicher-Mollow 2003: Symbole. Herder Verlag.

52. Pasinelli, G. (2000): Oaks (Quercus sp.) and only oaks ? Relations between habitat structure and home range size of the Middle Spotted Woodpecker. Biol. Conserv. 93: 227–235.

53. Pasinelli, G. (2003): Middle Spotted Woodpecker. BWP Update 5: 49–99.

53a. Pasinelli, G. (2006): Population biology of European woodpecker species: a review. Annales Zoologici Fennici. 43(2): 96–111.

54. Pechacek, P. Michalek, K., Winkler, H., Blomquist, D. (2005): Monogamy with exceptions: Social and genetic mating system in a bird species with high paternal investment. Behaviour 142: 8 1099–1120.

55. Pechacek, P. & Kristin, A. (1993): Nahrung der Spechte im Nationalpark Berchtesgaden. Die Vogelwelt 114 (4): 165–177.

56. Pechacek, P. & Kristin, A. (1997): Zur Ernährung und Nahrungsökologie des Dreizehenspechts Picoides tridactylis während der Nestlingsperiode. Ornith. Beobachter 93: 259–266.

57. Roberge, J. M., Mikusijski, G., Svensson, S. (2008): The white-backed woodpecker: umbrella species for forest conservation planning? Biodivers. Conserv. 17: 2479–2494.

58. Rösch, R. (1983): Ovid, Metamorphosen. München.

59. Rossmanith, E., Hoentsch, K. Blaum, N., Jeltsch, F. (2007): Reproductive success and nestling diet in lesser spotted woodpecker (picoides minor): the early bird gets the caterpillar. Journal f. Orni.148: 323–332.

60. Rudat, V., Meyer, W. & Gödecke, M. (1985): Bestandssituation und Schutz von Schwarzspecht Dryocopus martius und Rauhfußkauz Aegolius funereus in den Wirtschaftswäldern Thüringens. Veröffentlichungen des Museums Gera, (Naturw. R.), 11: 66–69.

61. Ruge, K. (1973): Über das Ringeln der Spechte außerhalb der subalpinen Nadelwälder. Orn. Beob. 70: 173–179.

62. Ruge, K. (1969): Beobachtungen am Blutspecht Dendrocopos syriacus im Burgenland. Vogelwelt 90 (6): 201–233.

63. Ruge, K. (1981): Der Schwarzspecht und seine Verwandten. DBV-Verlag. Kornwestheim.

64. Ruge, K. (1993): Schutz für einheimische Spechtarten. Artenschutzsymposium – Spechte. Beih. Veröff. Naturschutz Landschaftspflege Bad.-Württ. 67: 199–202.

65. Ruge, K. (1993): Europäische Spechte – Ökologie, Verhalten, Bedrohung, Hilfe. Beih. Veröff. Naturschutz Landschaftspflege Bad.-Württ. 67: 13–25.

66. Seifert, B. (2007): Die Ameisen Mittel- und Nordeuropas. Lutra Verlag.

67. Scherzinger, W. (1982): Die Spechte im Nationalpark Bayerischer Wald. Schriftenreihe des Bayerischen Staatsministeriums für Ernährung, Landwirtschaft und Forsten 9.

68. Scherzinger, W. (1996): Naturschutz im Wald: Qualitätsziele einer dynamischen Waldentwicklung, Ulmer Verlag, Stuttgart.

69. Scherzinger, W. (2001): Niche seperation in European woodpeckers. In: Pechacek, P.&

d'Oleire-Oltmanns, W. (Hrsg.): International Woodpecker symposium. 139–153.

70. Scherzinger, W. & Schumacher, H. (2004): Der Einfluss forstlicher Bewirtschaftungsmaßnahmen auf die Waldvogelwelt – eine Übersicht. Vogelwelt 125: 215–250.

70a. Schluckebier, C., (2006): Untersuchungen zu den Habitatansprüchen des Grauspechts (Picus canus) und des Schwarzspechts (Dryocopus martius) in einem mitteleuropäischen Mischwald; Johann-Friedrich-Blumenbach-Institut für Zoologie und Anthropologie an der Biologischen Fakultät der Georg-August-Universität zu Göttingen

71. Schmidt, O. & Zahner, V. (1997): Empfehlungen für den Vogelschutz im bayerischen Staatswald. Berichte Bay LWF.

72. Sperber, G. (1983): Die Bedeutung alter Wälder für den Biotop- und Artenschutz. Waldhygiene 15: 49–58.

73. Späth, V. & Gerken, B. (1985): Vogelwelt und Waldstruktur. Die Vogelgemeinschaften badischer Rheinauenwälder und ihre Beeinflussung durch die Forstwirtschaft. Ornithol. Jh. Baden-Württ. 1: 7–56.

74. Späth, V. & Plieninger, T. (1996): Forstwirtschaft in Deutschland. Naturschutzbund Deutschland/Bonn.

75. Sikora, L. G. (1997): Naturschutz und naturnaher Waldbau – Der Schwarzspecht als Beispiel für eine Leitart im Ökosystem Wald. Diplomarbeit, FH Nürtingen, unveröff.

75a. Sikora, L. G. (2004): Der Schwarzspecht im östlichen Schurwald. Nat.kdl.Mitt LKr Göppingen, Heft 23.

76. Sikora, L. G. (2007): Die Markierung von Schwarzspecht-Höhlenbäumen im Landkreis Reutlingen. In: Schriftenreihe des Landesamtes für Umwelt, Naturschutz und Geologie Mecklenburg-Vorpommern 2007, Heft 1.

77. Spitznagel, A. (1990): The influence of forest management on woodpecker density and habitat use in floodplain forests in the Upper Rhine Valley. In: Carlson, A. & Aulen, G.: Conservation and management of woodpecker populations. Proc. Int.

Woodpecker Sympos. Swedish Univ. Agric. Sci., Dept. Wildlife Ecology, Report 17. Uppsala.

78. Spitznagel, A. (1993): Warum sind Spechte schwierig zu erfassende Arten? Beih. Veröff. Naturschutz und Landschaftspflege 67: 91–110.

78a. Stern, H. (1984) Rettet den Wald. 6. Aufl. Kindler Verlag.

79. Stummer, S. (2008): Untersuchungen zu Höhlenbäumen und deren Nutzern im Freisinger Forst. Dipl. arb. FH Weihenstephan.

80. Südbeck, P. & Brandt, T. (2004) Grün- und Grauspecht sind unterschiedlich – manchmal wissen sie es aber nicht. Falke 51: 78–81.

81. Südbeck, P. & Flade, M. (2004): Bestand und Bestandsentwicklung des Mittelspechts Picoides medius in Deutschland und seine Bedeutung für den Waldnaturschutz. Die Vogelwelt, 125 (3/4): 319–326

82. Südbeck, P., H. Andretzke, S. Fischer, K., Gedeon, T. Schikore, K. Schröder & C. Sudfeldt (HRSG.) (2005): Methodenstandards zur Erfassung der Brutvögel Deutschlands. Im Auftrag der Länderarbeitsgemeinschaft der Vogelschutzwarten und des Dachverbandes Deutscher Avifaunisten e. V. (DDA).

83. Utschick, H. (1991): Beziehungen zwischen Totholzreichtum und Vogelwelt in Wirtschaftswäldern. Forstw. Cbl. 110 (2): 135–148.

84. Walankiewicz, W., Czeszczewik, D.; Mitrus, C., Stanski, T., Jastrzebsky, W., Michalak, S. (2003): The Great Spotted Woodpecker Dendrocopos major as an important robber of flycatcher nests. Tagung AG Spechte DOG. Brodowin

85. Weis, J. (2004): Heimische Spechte und ihr Lebensraum. Falke 3: 68–73.

86. Wember, V. (2005): Die Namen der Vögel Mitteleuropas. Aula Verlag Wiebelsheim.

87. Wesolowski, T. (2002): Anti-predator adaptions in nesting Marsh Tits Parus palustris: the role of nestsite security. Ibis. 144: 593–601.

88. Wiebke, K. (2006): A review of adult survival rates in woodpeckers. Annales Zoologici Fennici. 43(2): 11 2–117

89. Wiesner, J. (1988): Erhaltung von Altholzkom-

plexen zum Schutz Höhlen bewohnender Tierarten. Veröff. Mus. Gera: Naturwiss. R. 15: 31–34.

90. Winkler, H., Christie, A. D. & D. Nurney (1995): Woodpeckers. A Guide to the Woodpeckers, Piculets and Wrynecks ofthe World. Pica Press/Sussex.

91. Winter, S., Schuhmacher, H., Kerstan, E., Flade, M. & Möller, G. (2003): Messerfurnier kontra Stachelbart? Buchenalthloz im Spannungsfeld konkurrierender Nutzungsansprüche von Forstwirtschaft und holzbewohnenden Organismen. Forst u. Holz 58: 450–456.

92. Würdinger, I. (1993): Spechte in Mythen, Sagen und im Brauchtum. Beih. Veröff. Naturschutz Landespflege Bad.-Württ.

93. Wüst, W. (1986): Avifauna Bavariae. Bd. 1. OG Bayern.

94. Yom-Tov, T. & Ar, A. (1993): Incubation and fledling duration of Woodpeckers. Condor 95: 282–287.

95. Zahn, A., Gelhaus, M. & Zahner, V. (2008): Die Wälder der Herreninsel (Chiemsee, Oberbayern) als Jagdhabitate für Fledermäuse. AFJZ

96. Zahner, V. (1993): Höhlenbäume und Forstwirtschaft. AFZ 48: 538–540.

97. Zahner, V. (1999): Haben Waldvögel Bedeutung für die Forstwirtschaft? Vergleichende Brutvogelerfassungen in ausgewählten Naturwaldreservaten nach 20 Jahren. Allg. Forst Z. 8: 386–387.

98. Zahner, V. (1999): Biologische Vielfalt durch Totholz. Zeitgeist oder Notwendigkeit? LWFaktuell 18: S. 14–17.

99. Zahner, V. & Loy, H. (2000): Baumbrütende Mauersegler (Apus apus) und Eichenwirtschaft im Spessart. Ornithologischer Anzeiger 39: 187–196.

100. Zahner, V., Sikora, L. & Pasinelli, G. (in Vorbereitung): Black woodpecker (Dryocopus martius) selecting beeches with stemrot for excavating cavities. 10 S.

101. Zahner, V., Blaschke, S., Fehr, P., Herlein, S., Krause, K., Lang, B., Schwab, C. (2007): Vogelartenkenntnis von Schülern in Bayern, Vogelwelt 128, S. 203–214.

Register

Bildnachweis

Alle Bilder von Norbert Wimmer mit Ausnahme von: Ambros Aichhorn: S. 14, 44 links; Hermann Brehm: S. 106; Heinz Bussler: S. 57 rechts; Volker Günther: S. 79 links oben; Hannu Hautala: 60 rechts; Willi Holzer: S. 53 links; Juniors Tierbildarchiv: S. 17; Yann Kolbeinsson: S. 84 oben links; Tomi Mukkonnen: S. 77 links, 103; Claudia Schluckebier: S. 76, 77 rechts; Wong: S. 84 links, oben Mitte; Markus Varesvuo: S. 21, 22, links, 25, 26, 28, 30, 82, 86, 87, 91 links, 94–99, 104; Dirk Vorbusch: S. 92, 93 links; Hans Winkler: 83 links; Volker Zahner: S. 43 rechts, 78
Karten: Ralf Paucke

web-links

www.spechte-online.de
www.spechte-net.de
http://woodpeckersofeurope.info

Danksagung

Die Autoren bedanken sich ganz herzlich für die Durchsicht des Manuskriptes bei Prof. Dr. Hans-Heiner Bergmann, Detlef Braun, Willi Holzer, Volker Günther, Carola Preuss, Prof. Dr. Klaus Ruge sowie Luis Sikora. Dank auch an Dr. Bernd Seifert und Prof. Dr. Hans Winkler für die Beantwortung fachlicher Fragen.

Die Autoren

Norbert Wimmer ist Forstingenieur, war zwei Jahrzehnte in der Privatwaldbetreuung tätig und arbeitet jetzt als Natura 2000 Gebietsbetreuer in Oberfranken. Eine zentrale Aufgabe in dieser Tätigkeit besteht darin, den Gedanken des Waldnaturschutzes einer möglichst großen Zahl von Waldbesitzern nahezubringen und in die Waldbewirtschaftung zu integrieren.
Der gebürtige Niederbayer ist seit seiner Jugend begeisterter Naturfotograf mit dem Schwerpunkt Wald. Mit Spechten als Schlüsselarten in unseren Wäldern und deren Folgebrütern hat er sich fotografisch in den vergangenen 20 Jahren intensiv beschäftigt. Bisher hat Norbert Wimmer zahlreiche populärwissenschaftliche Artikel in Magazinen und Jugendzeitschriften sowie drei Bücher über die heimische Natur fotografiert und verfasst. Als Entwicklungshelfer hat er zwei Jahre in Zentralafrika gearbeitet und auch die dortigen Regenwälder intensiv erkundet.

Dr. Volker Zahner ist Professor für Zoologie und Tierökologie an der Fakultät Wald und Forstwirtschaft der Hochschule für angewandte Wissenschaften Weihenstephan, wo er auch Feldornithologie lehrt. Er ist im unterfränkischen »Spechtshardt« (alte Bezeichnung für Spessart) aufgewachsen. Seit seiner Jugend begeistert er sich für Ornithologie, wobei Spechte ihn ganz besonders faszinieren. Spechte mit ihren verblüffenden Verhaltensweisen und ihrer besonderen Bedeutung für das Ökosystem Wald sind daher auch in Lehre und Forschung seit Anfang der 90er Jahre für ihn ein wesentliches Thema.
Er ist Mitglied mehrerer wissenschaftlicher Beiräte und Sprecher des Beirats des Landesbundes für Vogelschutz. Er hat – oft in einem Autorenteam – mehrere Bücher und Fachartikel zu zoologischen Themen veröffentlicht. 2006 wurde er vom Bayerischen Wissenschaftsministerium mit dem Preis für gute Lehre ausgezeichnet.